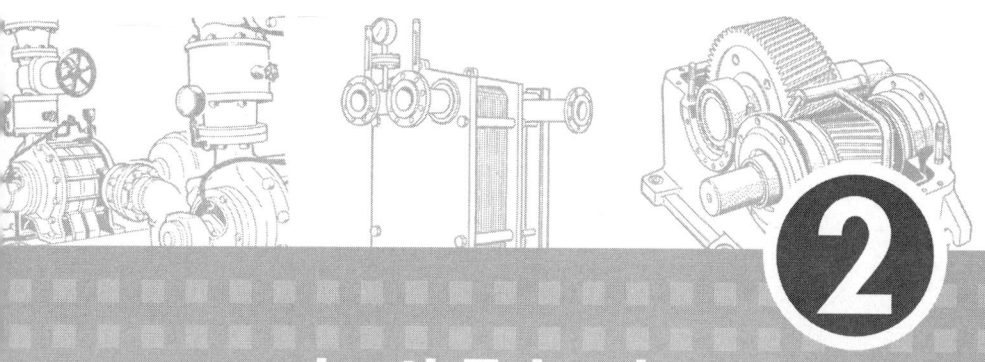

기계현장의
보전실무

기능 장치집

박승국 편저

대광서림

머 리 말

이제부터의 우리나라는 과거와 같은 고도성장의 시대는 지나고 진실로 자원과 에너지의 절감에 노력하고 엄격한 공해 및 환경규제하에서 현재의 설비를 잘 활용하기 위해 한충더 확실한 보전(保全)을 해나가야 할것이다.

그러기 위해 전사원이 한덩어리가 되어 간부에서 일선의 작업자에 이르기까지 「전원 참가의 PM활동」을 추진하여 저성장 시대의 활로를 찾아낼 필요가 있는 것이다.

특히 설비보전 담당기술자에게는 그 원동력이라 할 수 있는 책임이 있을 것입니다.

금년에 과거의 체험을 토대로 보전실무 씨리즈의 제1권인 《기계요소 작업집》을 출간하였든바 의외로 반응이 좋아 정말 감격을 맛보았든 때도 있었읍니다.

지금 여기 씨리즈의 두번째로 설비안에서의 단일기능을 가진 장치류에 대해, 실제 제가 현장에서 다루었든 체험을 살린 보전의 포인트를 해명하여 도움을 주고자 합니다.

그러나 지금까지의 여러종류의 전문서적이나 또는 편람처럼 기종의 분류, 구조, 기능등에 의한 정리 등에 대해서는 반드시 합당하다고는 볼수 없을때도 있읍니다.

또, 여러가지 전부를 망라하기에는 너무나 저의 체험에 한계도 있어 반드시 필요한 범위내의 것일수 밖에 없었읍니다. 이점 양해있기 바랍니다. 여기에서 다룬것은 지금까지 현장에서 많은 보전기술자가 트러블과 싸우고 골치 아파하고 시행착오 속에서 충분히 해결된 여러케이스를 수록한 것입니다.

編著者 씀

기계현장의 보전실무 《기능장치집》

목 차

전동기의 보전작업 13

1. 전동기의 점검·검사
   · 수리작업의 표준화 ······14
   1 전동기와 좀더 친근감을 ······14
   2 전동기의 일상점검기준 ······15
   2-1 점검기준 제정을 위한
       기본사항 ······15
   2-2 소용돌이 이음 달림
       전동기의 점검기준 ······17
   3 성능검사기준의 작성 ······17
   3-1 성능검사기준이란 ······17
   3-2 검사항목을 세우는 방법 ······19
       (1) 베어링의 조립 ······19
       (2) 윤활의 문제 ······19
       (3) 부하상황에 대해 ······20
       (4) 절연의 열화 ······21
   3-3 검사기준치 설정의
       포인트 ······21

   4 수리 시방서의 작성 ······23
   4-1 수리 시방서란 ······23
   4-2 수리 시방서의 요령 ······24
   4-3 시험 성적표 ······24

2. 전동기의 트러블과
   수리조정기술 ······27
   1 전동기의 트러블과 대책 ······27
   2 수리조정상의 웃점 ······31
   2-1 분해순서는 잘 확인하고
       나서 ······31
   2-2 코몬 베이스형의 중심내기의
       웃점 ······32
   2-3 오우버 러닝에 대해 ······34
   3 주변기기의 보전 ······35
   3-1 목시에 의한 점검 ······35
   3-2 절연측정 ······35

펌프의 보전작업 39

1. 펌프의 종류와 특징 40
   1 펌프의 분류 40
   2 각종 펌프의 일반적인 특성 41
   2 - 1 원심 펌프 41
   2 - 2 터어빈 펌프 42
   2 - 3 카스케이드 펌프 42
   2 - 4 축류 펌프 43
   2 - 5 왕복동 펌프 43
   2 - 6 기어 펌프 44
   2 - 7 트로코이드 펌프 45
   2 - 8 베인 펌프 45
   2 - 9 액셜 플런져 펌프 46
   2 -10 레이디얼 플런져 펌프 47

2. 원심 펌프의 보전작업 49
   1 설치의 순서와 포인트 49
   (1) 콘크리이트 기초 49
   (2) 수평 중심내기 49
   (3) 그라우팅 49
   (4) 모르터 마무리 50
   2 배관시공상의 주의 51
   (1) 펌프본체와 배관 51
   (2) 흡입측의 설계 52
   (3) 개폐 러버어 달림 푸우트
       밸브에 대해 52

   3 시운전시의 체크 포인트 52
   4 일상 운전상의 주의 53
   (1) 윤활 53
   (2) 압력계와 그 운전 54
   (3) 푸우트 밸브의 스트레이너의
       점검 54
   (4) 베어링 온도 54
   (5) 패킹부의 온도와 누설 54
   (6) 베어링부의 보온 54
   (7) 운전정지시의 주의 55
   (8) 운전휴지시의 조치 55
   5 일반적인 트러블과 대책 55
   6 특수한 트러블과 대책 57
   6 - 1 캐비테이션에 대해 57
       (1) 캐비테이션의 원리와 현상 57
       (2) 피식 58
       (3) 캐비테이션의 방지책 59
   6 - 2 서어징 59
   6 - 3 수격(워터 해머) 60
   7 분해의 순서와 급소 60
   8 수리의 포인트 62
   (1) 캐비테이션과 수리 63
   (2) 웨어링 마모와 수리 63
   (3) 축의 그랜드 패킹부의
       마모와 수리 63

(4) 베어링 마모와 수리……………64
(5) 커플링 슬리이브의
　　마모와 교환…………………65
⑨ 조립의 포인트………………65

3. 터어빈 펌프의 분해와
　　조립의 포인트………………66
① 펌프 성능과 취급상의
　　주의……………………………66
② 분해정비의 포인트……………67
2-1 축 방향 스러스트 힘과
　　그 처리………………………67
2-2 분해의 순서………………69

4. 왕복동 펌프의 취급과
　　정비의 웃점…………………78
① 왕복동형의 구조와 성능………78
② 분해정비의 급소………………79
2-1 아마촌 패킹의교환…………79
2-2 피스톤 링의 교체…………80
2-3 흡입, 토출 밸브의 정비……82
　　(1) 밸브 좌의 형상과 특징………82

(2) 배를의 작동과 리프트조정……83
(3) 닿는 면의 습동맞춤…………84

5. 유압 펌프의 트러블
　　사례에서………………………86
① 기어 펌프의 구동축절손………87
1-1 절손상황과 원인……………87
1-2 기어 펌프와 기름의
　　「가두기」현상…………………89
② 베인 펌프의
　　트러블 예……………………90
2-1 부싱의 제작불량……………90
2-2 로우터의 측면 소착…………93
2-3 로우터의 파손………………94
2-4 캠링의 마모…………………96
③ 액셜 플런져 펌프의
　　트러블 예……………………98
3-1 저속시의 고르지못한 회전……98
3-2 플런져 볼 죠인트
　　부의 제작 미스………………100
3-3 유압유의 취급………………101

송풍기·압축기의 보전작업………103

1. 공기기계의 분류…………104　② 송풍기·압축기의 분류……105
① 여러가지의 공기압 단위……104　2. 축류형 휀의 보존…………107

① 축류형의 성능과 특징········ 107
② 점검정비의 포인트············ 107
3. 원심형 휀의 보전··········· 109
① 원심형의 종류와 용도········ 109
② 원심형 휀과
　노동안전위생규칙············ 110
2-1 원심형의 정기 자주검사····· 110
2-2 기타의 필요한 검사·········· 111
　(1) 성능검사················· 111
　(2) 푸우드의 가장자리, 덕트
　　 수평부의 연구··········· 113
　(3) 필터의 점검·············114
③ 베어링의 수명과
　보전성에 대해·············· 114
3-1 베어링의 형식과 특징········ 114
3-2 베어링의 적정틈새·········· 116

4. 터어보형 블로워의 보전··· 119
① 터어보형 블로워의
　구조와 특징················ 119
② 보전의 포인트·············· 120
2-1 베어링의 보전·············· 121
2-2 정기자주검사·············· 121

5. 루우츠 블로워의
　분해·조립················· 122
① 루우츠 블로워의
　구조와 특징················ 122

(1) 로우터와 케이싱의
　 틈새····················· 122
(2) 토출압력················· 123
② 분해, 수리, 조립의
　포인트··················· 123
2-1 베어링의 조립············· 123
2-2 동기 기어의 조립과 조정 ··· 125
2-3 기타의 주의사항············ 127
　(1) 사이드 커버의 위치결정···· 127
　(2) 사이드 커버 관통부의 시일··· 127

6. 스크류 압축기의
　일상보전··················· 127
① 스크류 압축기의
　구조와 기능················ 128
② 일상보전의 웃점············ 130
2-1 윤활유의 관리가 최대의
　 포인트···················· 131
2-2 로우터의 틈새관리··········· 131
　(1) 로우터 측면과 케이싱의
　　 틈새····················· 131
　(2) 로우터 외경과 케이싱의
　　 틈새····················· 133

7. 왕복 압축기의
　보전의 포인트·············· 133
① 역사가 오랜 왕복압축기······ 133
② 보전의 웃점················ 135

2 - 1	밸브의 성능유지	135	2 - 2 윤활유의 관리	137
(1)	언로우더와 그 점검	135	(1) 적당한 급유량	137
(2)	밸브 플레이트의 점검	136	(2) 유량의 감소	138
(3)	밸브부의 발열	137	(3) 기타의 점검	138
(4)	정기교환	137	2 - 3 기타의 주의사항	138

변속기·감속기의 보전작업 ········ 141

1. 변속장치의 역할 ············ 142
2. 주요한 기계식 무단변속기
   의 기구와 보전의 욧점 ··· 143
   [1] 마찰바퀴식 무단변속기의
   종류와 기구 ················ 144
   1 - 1 바이에르 변속기 ········ 144
   1 - 2 다스코 무단변속기 ······ 144
   1 - 3 링 콘온 무단변속기
        S형 ···················· 145
   1 - 4 링 코온 무단변속기
        RC형 ··················· 145
   1 - 5 하이나우H-드라이브형 ······ 146
   1 - 6 링 코온 무단변속기
        유성 코온형 ············ 147
   1 - 7 컵 무단변속기 ·········· 148
   [2] 마찰바퀴식 무단변속기의
   보전상의 포인트 ············ 149
   2 - 1 변속조작상의 주의 ······ 149
   2 - 2 분해 전용공구의 사용 ···· 150
   2 - 3 변속눈금의 조정 ········ 150

   2 - 4 정확한 윤활 ············ 150
   2 - 5 축 이음의 점검 ········ 151
   2 - 6 마찰 접축면의
        손질, 수리 ············ 151
   2 - 7 기동, 정지상태에 주의 ······ 152
   [3] 체인식 무단변속기의
   구조, 보전의 포인트 ········ 152
   3 - 1 체인식의 구조와 특징 ······ 152
   3 - 2 체인식 무단변속기의
        취급, 보전 ············ 153
   [4] 벨트식 무단변속기의
   특징과 보전 ················ 155
   4 - 1 벨트의 종류와 특징 ······ 155
   4 - 2 벨트식 무단변속기의
        보전의 포인트 ·········· 156
   [5] 한 방향 클러치식
   무단변속기의 특징 ·········· 157
3. 기어 감속기의 분해·조립과트
   러블 슈우팅 ················ 158
   [1] 기어 감속기의 분류 ········ 158

2 기어 감속기의
　보전상의 포인트 ………… 159
2 - 1 기어의 보전 …………… 159
　(1) 스파이럴 베벨 기어, 웜
　　 기어의 이 닿음면에 대해 … 159
　(2) 기타의 윳점 …………… 161
2 - 2 축의 끼워맞춤 ………… 162
2 - 3 베어링 조립의 포인트 -
　　 베어링의 고정에 대해 …… 164
　(1) 대형 스퍼어 기어 감속기 … 164
　(2) 헬리컬 기어와 더블 헬리컬
　　 기어를 쓴 감속기의 경우 … 166

2 - 4 기타의 보전상의 주의점 … 167
　(1) 중요한 커플링의
　　 중심내기 ……………… 167
　(2) 윤활유가 수명을 결정한다 ‥ 167
2 - 5 유성 기어 감속기의 구성
　　 과 보전 ………………… 168
　(1) 사이클로 감속기의 구조 … 168
　(2) 보전의 윳점 …………… 170
2 - 6 진동측정에 대해 ……… 170
　(1) 진동에 관한 기본사항 … 171
　(2) 주파수 분석에 대해 …… 172

압력용기의 보전작업 ………… 175

1. 압력용기의 취급과
　 보전의 기초 …………… **176**
1 제 1 종 압력용기에 대해 …… 176
1 - 1 열원의 공급, 배출시의
　　 주의 ……………………… 176
1 - 2 부속기기의 정비 ……… 177
1 - 3 보온장치의 유지 ……… 178
1 - 4 뚜껑의 정비 …………… 178

1 - 5 용기내 작업의 주의 …… 178
1 - 6 누설의 검사 …………… 179
2 제 2 종 압력용기에 대해 …… 180
2 - 1 법령을 바탕으로 한 설치
　　 신고 …………………… 180
2 - 2 드레인 빼기 여행 ……… 181
2 - 3 기타 …………………… 181

열교환기의 보전작업 ………… 183

1. 열교환기의 기능과 분류…184
  1 열교환기란……………184
  2 대표적인 열교환기와 그
     특징………………185
  2-1 사관식 열교환기…………185
  2-2 개방액막식 열교환기………186
  2-3 공랭식 열교환기…………187
  2-4 쟈켓식 열교환기…………187
  2-5 다관식 열교환기…………188
  2-6 플레이트식 열교환기………189
2. 열교환기의 보전의
   포인트………………189
  1 분해・조립상의 주의………189
  2 기타의 보전의 웃점…………192
  2-1 세정손질법………………193
  2-2 부식의 발견과 처치대책……193

기계현장의 보전실무
《기능장치집》

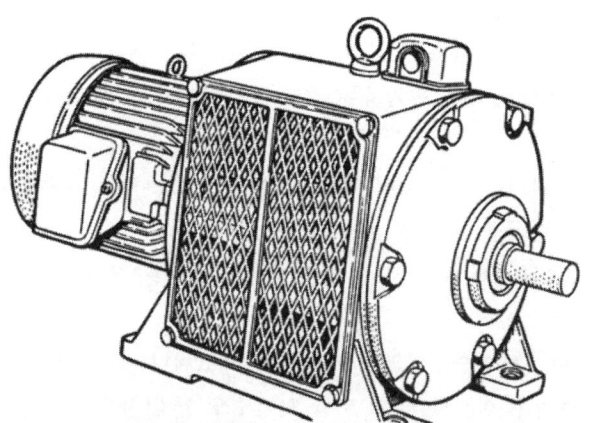

전동기의 보전작업

1. 전동기의 점검·검사·수리작업의 표준화

① 전동기와 더 한층 친근감을

내가 알고있는 어떤 보전맨은 제조현장에서 기계가 돌연 정지되어 회전하지 않는다는 연락을 받아 현장에 가서 고장상황을 오페레이터로부터 들었더니 기동(起動)스위치를 눌러도 전동기가 윙하는 소리만내고 회전되지 않는다고 설명을 받았다.

그래서 일단 기계의 구동계(駆動系)를 점검해 보았으나 기계적이상은 없으므로 이것은 전기보전담당계에 문의하는 것이 좋을것이라고 말 하고 돌아왔다.

하는 수 없이 오페레이터는 전기계에 전화로 와 달라고했더니 와서보고 전동기 회로의 퓨즈가 3개중 1개가 끊어진 것을 발견했다.

이 전기보전맨은 오페레이터와 기계가 돌면 정지된 상황을 서로 대화를 해보았다.

기동시의 상황, 부하, 회전수, 속도등을 확인해 보았더니 작업형편상 기준보다 약15%정도 무거운 원료를 놓고 또한 회전수도 약간 높았음을 알고 표준대로의 부하로 되돌리라고 말하고 끊어진 퓨즈를 바꾸고 운전을 재개시켰다고 한다.

그러나 이와같은 일로인해서 중요한 생산기계를 1시간 또는 2시간 정도 정지시킨 결과를 초래했다.

보통 산업기계의 원동력에는 전동기가 많이 쓰이지만 그 기계를 점검보수를 한다고 하면 기계보전맨은 전기보전맨의 일이라고 경원하는 것 같다.

확실히 보전부문에서는 기계적인 기술을 배우며 자란 사람과 전기기술을 배우며 자란 사람이 있다. 또 계장(計裝), 배관등을 배우며 자란 사람도 있으나 이것은 대체로 직능별로 나누어진 것이 보통이다.

1. 전동기의 점검·검사·수리작업의 표준화

그러나 기계 그 자체를 놓고 보면 기계적인 부분, 전기적, 계장 배관등의 부분이 일체가 되어 구성돼서 기능을 발휘하는 것이고 적어도 기계를 보전하려고 하는 사람이 나는 기계전문, 전기전문이라고 한다면 보전의 임무는 다 할 수 없을 것이다.

우리들 보전기술자는 기계 그 자체의 모든 것에 대해 책임이 있는 것이다. 좁은 의미에서의 기계전문도 아니고 전기전문도 아니며, 설비보전을 하는 프로로서의 의식과 책임감, 기술이 작업의 토대가 될 것이다.

확실히 최근의 산업기계는 한층 더 복잡고도인 것이 되었으며 예컨대 전자제어회로를 기계출신의 보전맨에게 취급하라고 해도 무리일 것이고 반대로 유압기기를 전기보전맨에 보게하는 것도 무리인 것이다.

그러나 많은 기계의 원동력으로서 쓰이고 있는 전동기에 대해서는 기계출신의 보전맨도 더 한층 친근감을 갖고 취급하는 것이 좋을 것이다.

그러므로 이 항에서는 보전기술로서 최저한 이것만큼은 알아두어야 할 전동기 보전의 포인트, 취급상의 주의등을 종합하여 일반산업기계에로의 유저로서의 입장에서 일상점검, 정기점검, 분해, 정비의 기준에 대해 기술하기로 한다.

또한 보다 복잡하고 전문적인 전동기의 보전실무에 대해서는 별도의 기회에 종합하고자 한다.

2 전동기의 일상 점검기준

전동기의 주류는 무어라해도 유도전동기이지만 산업기계에서는 비교적 간단히 속도제어가 된다는 점에서 유도전동기에 소용돌이(渦流)이음을 붙인 것(VS모우터, AS모우터라고도 한다)이 차주 쓰인다.

그림1·1에 그 원리도를, 1·2에 단면도를 나타냈으나 여기서는 이것을 예로서 기입하고자 한다.

2-1 점검기준제정을 위한 기본사항

우선 전동기의 일상 점검기준을 제정하는데 있어서 전제가 되는 기본적인 생각방법을 기술한다.

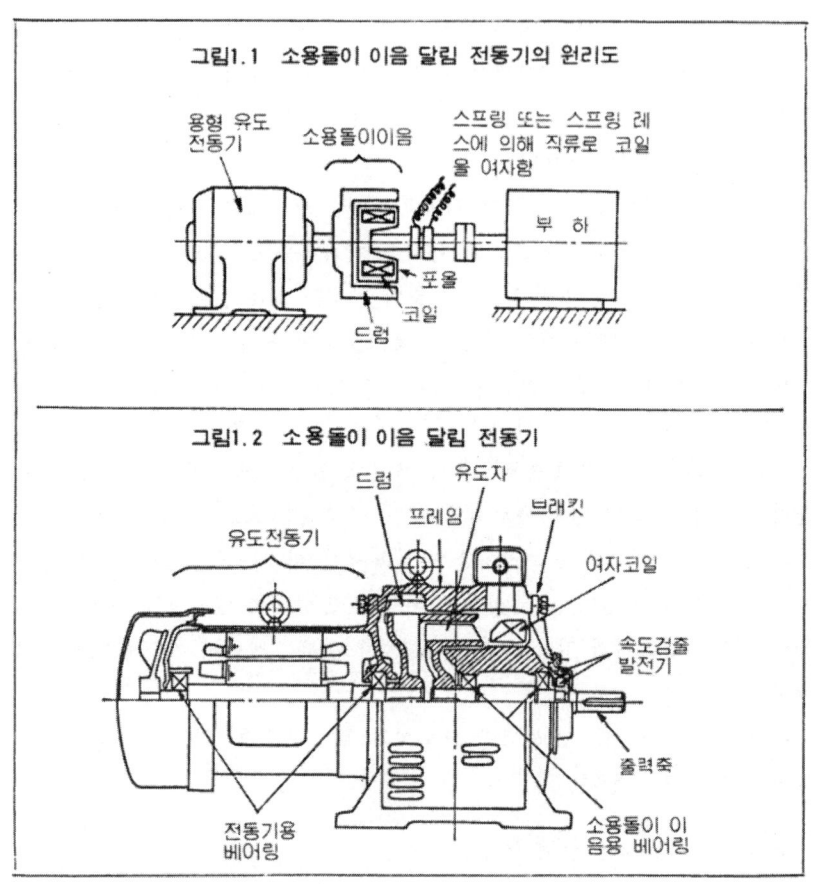

그림1.1 소용돌이 이음 달림 전동기의 원리도

그림1.2 소용돌이 이음 달림 전동기

① 특히 유도전동기는 구조가 간단하고 메이커도 많은 제조경험을 갖고 있으며 품질, 성능은 안정돼 있으므로 선택, 전원회로, 설치등에 문제가 없다면 그렇게 간단히 고장은 일어나지 않는다고 봐도 된다.
② 따라서 신설후 혹은 수리, 조립후 2~3개월은 세밀한 점검이 필요하지만 그 후의 안정기간은 2~5년이라고 봐도 되며 이 안정기간의 우발적 고장을 방지하기 위한 기준이어야 한다.
③ 전동기의 베어링 그리스는 일반적으로 리튬비누기이며 약 1만시간의 수명을 갖고 있다. 따라서 1일 8시간 운전으로 약 4년간 (연

300일 가동)은 문제 없다.

예컨대 24시간 연속으로 1년간 운전해도 급유의 필요는 없다.
④ 오히려 이 전동기에 의해 구동되고 있는 기계쪽이 보통 1만시간 이내에 오우버호울 해야하며 그때 필요하다면 전동기도 분해정비를 한다. 소용돌이이음에 슬립링이나 기타의 것이 달려 있으면 이때 같이 교환 정비한다.
⑤ 보통의 경우는 이상이면 되지만 기타 고온, 고습, 부식성분위기, 먼지, 진동, 소음등 특수한 문제가 있으면 개개의 조건에 따라 점검항목을 추가할 필요가 있다.

이상과 같은 사항을 전제로 하여 각각 현재의 보전기술수준이나 작업관리의 면과 비교해봐서 기준화를 도모해보면 좋을 것이다.

2 - 2 소용돌이 이음달림 전동기의 점검기준

표1·1과 같이 소용돌이 이음달림 전동기의 일상 점검기준의 한 예를 작성했다. 보통의 경우라면 거의 이것으로 충분할 것이다.

이 외에 전원전압의 변동, 배선 및 터어미널의 풀림등을 점검하지 않으면 불안하다고 할때도 있으나 그것들은 점검해서 발견하기 보다 오히려 설계, 공사, 취급기술등을 향상시키는 것이 선결문제일 것이다.

또 소용돌이 이음의 제어장치(현재는 SCR제어가 많다)의 개개의 기기에 대해서는 신뢰성도 높아 점검의 필요는 없다. 예컨대 점검하더라도 열화나 고장을 발견할 수 없을 것이다.

③ 성능검사기준의 작성

3 - 1 성능검사기준이란

전항에서 기술한 일상의 점검은 원터치·체크라고도 한다. 즉 이것은 주로 인간이 지니는 五感(본다. 듣는다. 만지다. 맛보다. 냄새를 맡다)과 부속의 계기류에 의해 이상유무를 확인한다.

그러나 이것은 어머니가 자식의 얼굴색에 주의하고, 이마에 손을 대보고

전동기의 보전작업

표1.1 소용돌이 이음 달림 전동기의 일상 점검기준예

소용돌이 이음달림 전동기 점검기준				설치장소	××공장△△라인		
				제작소	○○전기KK		

부위	점검개소	점검항목	점검방법	판정기준	처치법	점검주기 운전	점검주기 보전
전동기본체	냉각통풍장 (수냉식에서는 냉각수 파이프)	흡기배(통수)	흡배기창에 손을 대 본다. (출구관을 잡고 온도를 본다. 단수검출기를 본다.)	항상 변 치않는 흡배기상태일것 (약25° 이하로 통수 돼 있을 것)	보전에연락 분해. 점검	기	Ⓜ
	본체	이음 진동 발열	베어링부, 프레임부에 손을 대 본다	불연속음, 금속음이 없을것. 25μ이하 실온+30℃이하	보전에연락 분해수리	운	Ⓜ
속도검출발전기	구동V푸울리	마모	건들거림이 없는가 손으로 움직여본다	소리, 느슨함이 없을것	조정, 수리		M
		회전상태	회전불량, 진동이 없는가 눈으로 본다	회전불량, 진동이 없을것	조정, 수리		Ⓜ
	구동V벨트	신장	슬립하지 않는가 눈으로 본다	원활히 회전하고 있을것	교체수리		Ⓜ
		손상	마모, 균열등 손상 없는가 눈으로 본다	손상이 없을것	교체		M
	도입선	외관	손상, 열화는 없는가 눈으로 본다	손상, 열화가없을것	교체		Ⓜ
	출력단자	느슨함	드라이버로 더 쥔다				M
속도제어부	제어반내	온도	서어모테이프의 색을 확인	변색 돼 있지않을것 (55℃에서변색)	교체수리		Ⓜ
	회전계	작동상태	속도설정 볼륨을 돌려 회전계의 변화상태를 본다	회전계지침의 상승, 하강이 원활할것	조정, 수리		Ⓜ
		영점	지침의 영점확인	영점이 일치돼 있을것	조정		M

(주) 1. 운전부문의 점검주기는 1회로하고 기 : 기동시, 운 : 운전중에 한다.
   2. 보전부문은 M : 1회/월, O : 운전중, □ : 정지시 또는 정지시키고 한다.

유지담당자	개정연월	개정사항및이유	책임자인
기평			

집필자	기평	제정연원일	1974-10-15	발행책임자	제1보전과장

, , 전동기의 점검·검사·수리작업의 표준화

열의 유무를 확인할 정도의 것이며 더욱 적극적으로 건강을 유지하기 위해서는 연 1~2회의 건강진단을 받을 필요가 있다. 즉 여기서 말하는 성능검사이다. 우리들이 학교나 회사에서 정기건강진단을 받고 있는 것을 봐도 알 수 있는바와 같이, 기계의 성능유지, 고장방지를 위해 기본이되는 포인트를 측정하여 이것을 기록으로서 남겨 그 수치의 변화를 봄으로써 성능의 양부와 열화의 경향을 알고 오우버호울(정기분해수리)이 필요한지 아닌지, 또 그 시기를 예지, 예측하려고 하는 것이다.

따라서 점검기준과 성능검사기준은 각각 목적으로 하는 점에 따라 서로 관련이 있고 이것을 표준화(계획)→실행하여 그 결과를 검토(첵크) 해서→적절한 처치(수리)를 한다고 하는 일련의 과학적인 작업의 진행방법에 따라 예방보전의 제일단계가 확립되는 것이다.

3-2 검사항목을 세우는 방법

점검기준의 항에서 기술한바와 같이 유도전동기의 보전에서도 베어링 부분의 성능과 절연의 저하가 문제가 된다.

즉 베어링의 조립, 윤활, 부하상황 및 절연이라고 하는 것이 되지만 이하에 이에대해 개개의 포인트를 기술하기로 한다.

(1) 베어링의 조립

이에 대해서는 이미 《기계요소 작업집》 "8베어링 조립의 웃점"에서 상세히 취급했으므로 그것을 참고로 하면 될 것이다.

특히 ② 베어링 조립의 세가지 기본구조

3-3 베어링 부착방법

그림8. 9조립후의 점검방법

등에 의해 충분한 주의를 하지 않으면 만일 조립미스가 있으면 운전후 수시간에서 수일사이에 베어링 전주면(轉走面)이 박리(剝離)를 일으켜 못쓰게 된다.

(2) 윤활의 문제

이와같은 종류의 저압삼상 중에서 소형 유도전동기 및 소용돌이 이음은 베어링을 조립시 그와동시에 그리스도 봉입(封入)한다.

이 그리스는 점검기준의 항에서도 기술한대로 윤활유메이커가 베어링용 그리스로서 추장하고 있는 것이면 충분하다.

최근의 전동기는 보다 소형이고 고성능인 것을 목표로 베어링하우징도 작게 만들어져 《기계요소 작업집》에서 기술한 프래머블록과 같이 공간은 넓지 않다.

따라서 그리스의 충정은 그리스니플이 부착 돼 있을 경우는 그림 1.3과같이 오히려 회전중에 그리스건으로 조용히 넣면서 배출구로 부터 그리스가 비져나오는 것을 확인하는 방법을 취한다.

또 그림 1.2의 전동기 핸측 베어링의 그리스 충정에 대해서는 그림 1.4의 방법을 참고로 한다.

(3) 부하상황에 대해

전동기 용량에 대해 부하가 과대하게 걸려 있으면 모든 것에 대해 트러블의 원인이 된다.

특히 전동기가 전체에 걸쳐 발열하거나 베어링도 과열해진다.

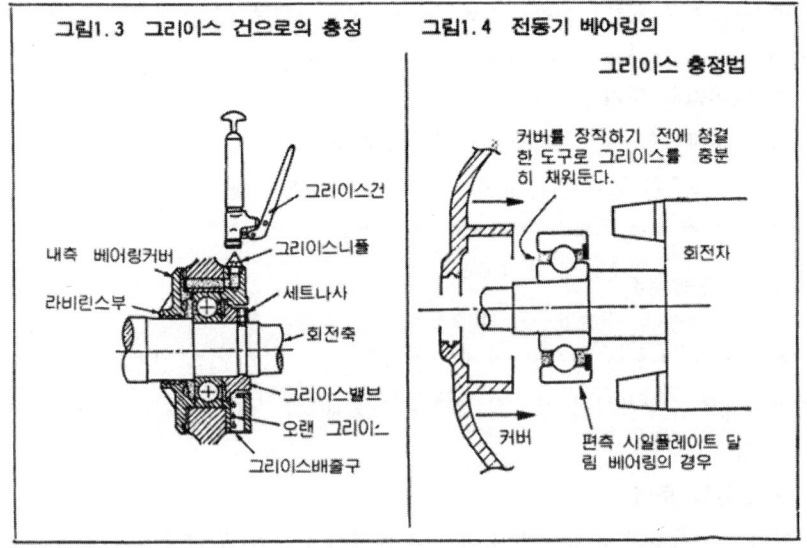

그림1.3 그리스 건으로의 충정   그림1.4 전동기 베어링의 그리스 충정법

━━━━━━━━━━━━━━━━━━━━━━ 1. 전동기의 점검·검사·수리작업의 표준화

또 기동·정지의 회수가 많을 경우에도 기동전류에의한 발열이 많아진다.

더욱 출력축과 기계의 접속방법이 예컨대 벨트식이라면 걸기 정도에 따라 베어링에 과대한 힘이 걸리며 커플링식일 경우에는 중심내기의 양부에 따라 마찬가지로 베어링에 큰 힘이 걸린다.

벨트를 거는 방법이나 커플링의 중심내기에 대해서는 《기계요소 작업집》중에서 상세히 종합해 두었으므로 참고로 하기 바란다.

(4) 절연의 열화

모든 전기기기의 도체(導体)부분은 전기적 저항을 갖고 있다. 따라서 통전과 동시에 그것들은 발열을 일으켜 각종 트러블의 원인이 된다.

코일도 마찬가지로 발열하여 절연성능의 저하를 일으켜 흡습이나 진동과 겹쳐 레어쇼트(코일 내부에서 단락(短絡)됨)를 일으키거나 소손, 발화로 진행될 때가 있다.

현실로는 이상과같은 요인이 복잡하게 엉켜 고장을 일으킬 경우가 많으나 그 중에서 포인트를 정리하고, 검사항목으로서 정기적으로 검사측정하여 기록함으로써 양부 또는 경향을 판정한다.

표1.2에 소용돌이 이음달림 전동가의 성능검사기준의 예를 나타냈으나 검사 항목은 1. 진동, 2. 온도, 3. 절연의 3점으로 좁혔다.

3 - 3 검사기준치 설정의 포인트

성능검사 기준은 점검기준과는 달리 그 결과는 객관적인 수치로 나타내져야 한다.

이하에 개개의 기준치와 그 결정방법에 대해 포인트를 기술하기로한다.

　①규격(정격)……신품일때의 상태 다시 말해서 이상적인 것을 기준으로 한다.

　②사용한계……이것이라면 써도 된다라고 보전부문으로서 자신을 갖고

전동기의 보전작업

표1.2 소용돌이 이음달린 전동기의 성능검사 기준예

설치장소	××공장△△라인				
제 작 소	○○전기 KK				

항목	측정구	측정기	규격(정격)	사용한계	수리한계
1 진동	가) 축장은 부하운전중에 할것 나) 측정치는 편진폭으로 함 다) 측정치단위는 μ	전기식 진동계	10 μ	30 μ	15 μ / 1회 / 6개월
2 온도	가) 측정은 부하운전 2시간 후에 할것 나) 측정지는 ℃	표면온도계	—	실온 +35℃	실온 / 1회 / +20℃ 6개월
3 절연	A전동기, 제자공원 (R, S, T의 어느것과 대지간) B전동기 허용 (권선상호간 및 대지간) C.소용돌이 이음 여자공원 (코일 한쪽과 대지간) (주) SCR레이에게이 과전할것	500V 메가이	0.2 MΩ 매가이	0.4 MΩ	1.0 MΩ 이상 / 정기 수리 시

검사년월일	점검	가동시간	구분	수평기상표										비고
				A 1	A 2	A 3	B 1	B 2	B 3	C	D	A	B 1	B 2	B 3	C
	•		정상														
	•		수리후														
	•		검사														
	•		수리후														
	•		검사														
	•		수리후														
	•		검사														
	•		수리후														
	•		검사														
	•		수리후														
	•		검사														
	•		수리후														

개정내용 및 이유	책임자 이하	책임자 보전과장
유지담당자 계장연원	개정년월일 1974-10-15	
기명		기명	전결인자

1 전동기의 점검·검사·수리작업의 표준화

운전부문에 보증할 수 있는 것

③ 수리한계……보전부문이 자신이 수리할 경우는 물론 수리부문이나 수리업자에 일을 시킬경우 주문서로서 한계를 나타내는 것.

이상의 한계치는 우선 먼저 안전성에 기본을 두고 경제적으로 가능한 한도에 따라 정해진다.

예컨대 사용한계는 어디까지라면 안전하게 쓸 수 있느냐 하는 점과 제품에 악영향을 미치는 점의 안전 사이드로 한계가 구해질 것이다.

또 수리한계는 규격에 가까울수록 좋으나 수리비용이 높아진다. 그러므로 수리후의 수명과 비용의 조화점에 한계가 구해질 것이다.

이와같이 생각하면 보전의 각종의 기준은 그것을 이용하는 보전부문의 기술수준에 따라서도 차이가 있고, 수준이 높아갈수록 그때마다 다시봐서 개정되고, 간소화 돼가는 성격인 것이라고할 수 있다.

표1. 2의 기준예는 오리지날인 것이어서 거의 표준적인 것으로 생각되지만 초보자에게는 이것으로 해 보이고, 시켜봐서 교육을 하고 체득시키는 것이 좋다.

④ 수리 시방서의 작성

4 - 1 수리 시방서란

성능검사의 결과 사용한계에 도달했거나 그 시기가 예상 될 경우 혹은 고장이 일어났을 경우에는 당연히 수리해야 한다.

조직적으로 혹은 기능상의 이유등으로 이것을 수리부문이나 외부에 낼 때는 우선 적정한 수리금액의 결정에 대해 책임을 져야한다.

단 돈만 내면 다 아니냐 하는 생각은 잘못이다.

「돈을 내기로」했다면 당연히 수리의 잘, 잘못에 대해 말할 수 있는 기술력을 가져야 한다.

그러므로 보전부문에서는 수리 시방서를 작성하여 수리를 필요로하는 개

전동기의 보전작업

소, 양부 지급품의 유무, 공기, 참고사항등을 일람표화해서 시공부문에 명확히 하고 공사를 원활, 신속히 진행시킨다.

4 - 2 수리 시방서의 요령

표1.3에 나타낸 공사 시방서의 예는 모든 공사에 이용되게끔 작성한 것이다.

예컨대 소용돌이 이음달림 전동기라면 베어링교체, 코일 니스칠, 건조, 코일 리이드선 보수 회전계용 발전기 분해정비등의 세목을, 공사항목 속에 기입하면 된다. 그리고 각 공사항목에는 각각 시공내용도 기록해 둔다.

또 공사기록의 난에는 수리의 공사기록으로서 실시항목에 대해 일정과 소요MH(맨아워)를 기입한다.

또한 완성정도 (수리후의 성능)에 대해서는 전항에서 기술한 성능검사 기준을 이 시방서에 첨부해서 지정하게끔 한다.

4 - 3 시험성적표

단지 성능검사기준은 최종적인 성능을 지정하는 것이다.

예컨대 이 종류의 전동기를 오우버호울 할 경우에는 기계에서 떼어내서 수리공장에 갖고가 시공하는 일이 많다. 그 경우 수리공장에서는 실제의 부하운전을 할 수 없으므로 무부하운전이 된다.

그러므로 이 최종성능을 내기위해 수리공장에서 하는 시운전은 더한층 세밀한 시험이 필요하다.

표1.4에 나타낸 시험성적표의 예가 이것이다. 이것은 단지 오우버호울 했을때에 것뿐만 아니라 전동기의 성능시험을 하는 기초가 되는 것이며 (주)와도 같이 신설, 정기수리, 이설등의 경우의 기본이 되는 것이다.

만일 전동기 단체(単体)라면 소용돌이 이음의 부분을 발소하든가 또는 뺀 양식으로 된다.

이 장(章)에서 게재한 몇개의 기준예는 《기계요소 작업집》의 "보전작업

1. 전동기의 점검·검사·수리 작업의 표준화

표1.3 공사 시방서 겸 공사 기록서 예

표1.4 소용돌이 이음 달림 전동기 시험성적표 예

소용돌이이음달림 전동기 시험성적표				설치장소	×× 공장 △△ 라인		
				메 이 커	○○ 전기 K K		
전동기	용 량		kw	전 압	V	정 격	
	형 식			전 류	A	고자No.	
	극 수		P	회전수	R/M		
	베어링No.	부하축			반부하축		
소용돌이이음	토오크		kgm	여자전압	V	제어범위	R/M
	형 식			여자전류	A		
	베어링No..						

전동기		소용돌이 이음			부하조건	측 정 연월일	측정 목적	담당 자	검인
전 압	전 류	여자전압	여자전류	회전수					

[주] 측정목적 신설, 정기수리, 고장수리, 이설등의 분류를 기입

의 진행방법"에 나타낸 기준과는 약간 양식이 다른 점이 있다고 본 사람도 있을것으로 보나 이 장에 나타낸 것이 보다 세밀하다.

기업중에 차지하는 기준이라고 하는 것의 위치는 귀중한 기술을 쌓아올리는 것을 나타내는 것이며 소위 기업의 보물이라고 할 수 있다.

즉 집필자는 기업과 기술이 존속하는 한 그 기준속에 자기 이름을 파들어가게 해두어야 한다. 다시말하자면 일종의 저작권자이기도 하다.

또 그 표준을 항상 정확히 유지하고 적절한 개폐(改廢)를 담당하는 사람도 정해두어야 한다.

이와같은 점은 많은 사회의 보전표준류를 보고 있으나 의외로 행하여지고 있지 않으므로 꼭 이와같은 양식과 조치를 하게끔 간절히 부탁 하는 바이다.

2. 전동기의 트러블과 수리조정기술

1 전동기의 트러블과 대책

전동기 일반으로서 용형(籠形)삼상유도전동기를 예로삼아 트러블 현상과 그 원인 및 처치대책에 대해 종합한다.

현 상	원 인	처 치 대 책
과 열	1. 3상 중 1상의 퓨즈가 용단돼서 단상이 되어 과전류가 흐름	1. 드물게는 마그넷, 스위치의 접점접촉 불량이 있으나 보통 1상의 퓨즈용단의 대다수는 노화접촉부의 느슨해짐 등에 의할경우가 많으며 퓨즈용단 개소를 체크해서 정확히 부착한다.

전동기의 보전작업

현 상	원 인	처 치 대 책
과 열	2. 과부하운전	2. 문자대로 모우터용량에 대해 과부하 거나 구동계이상에 의한 과부하, 브레이크의 작동타이밍의 잘못등의 원인을 제거한다.
	3. 빈번한 기동, 정지	3. 특히 직입기동에서는 기동시에 정격의 수배를 전류가 흘러 과열됨 운전조작상의 필요성을 조사, 빈번한 기동·정지를 억제할수 있는지 없는지 기동방법의 개선등을 검토한다.
	4. 냉각불충분	4. 설치장소의 기온통풍 다른 열원에서의 영향, 통풍창의 먼지, 이물에 의한 막힘등을 체크해서 제거한다.
	5. 베어링부에서의 발열	5. ㉮ 상기의 과열에 의한 윤활유열화, 유출등에서오는 윤활불량, ㉯ 윤활제의 부적, 과부족에의한 윤활불량, ㉰ 베어링 조립불량에의한것, ㉱ 체인 벨트등의 지나친 팽팽함, ㉲ 커플링의 중심내기 불량이나 적정 틈새가 없어 스러스트를 받는다. 등에의한 것이며 그것들의 체크와 배제
소 손 (코일부)	1. 과열진행에 의한것	1. 과열의 항과 동일
	2. 절연계급의 선택미스에 의한것	2. 사용조건과 발열상황과 매치된 절연계급을 선택할것
	3. 코일내부의 레어 쇼오트.	3. 장기간에이른 진동이나 발열에서의절연물의 열화, 먼지, 이물, 수분등에의한 열화를 방지하기위해 정기적인 검사, 절연의 회복을 한다.

2. 전동기의 트러블과 수리조정기술

현 상	원 인	처 치 대 책
이음, 진동	1. 베어링의 손상	1. 베어링부의 과열과 동일
	2. 커플링, 푸울리등의마모, 느슨해짐, 중심이 불량해짐	2. 원인의 배제, 수정
	3. 로우터와 스테이터의 접촉	3. 베어링손상의 회복
	4. 냉각 팬 날개바퀴의 느슨해짐	4. 분해, 수리
	5. 조립 보울트나 대좌에 로의 부착 보울트의 느슨해짐, 탈락	5. 더 죄기
	6. 공진	6. 드물게는 전동기의 고유진동과 대좌가 공진하여 이상진동이 될 경우가 있으며 이것은 대좌, 기초의 보강, 개조에 의해 방지되지만 힘들다.
이 취	1. 코일절연물의 과열소손.	1. 과열·소손의 항과 동일
기동불능	1. 퓨즈용단, 서어멀릴레이, 노 퓨즈 브레이커등의 작동	1. 퓨즈는 정격전류가 일정시간 이상 흘렀을때 용단되는 것이며 주로 회로의 보호에 쓰인다. 또 서어멀릴레이, 노퓨즈브레이커는 정격전류에 의한 저항열이 축적돼 일정온도 이상이되면 작동하여 주로 기기의 보호에 쓰인다. 작동원인에 다름이 있으므로 잘 확인한다.
	2. 단선	2. 코일 그 자체의 단선, 리이드선, 배선등의 단선을 체크

전동기의 보전작업

현 상	원 인	처 치 대 책
기동불능	3. 기계적 과부하	3. 스위치를 넣어보면 커플링, 체인, 벨트, 기어등의 백러시만 움직이고 그 뒤 소리를 낼 경우에는 구동계에 트러블이 있어 체크해서 배제한다. 브레이크와의 인터록이 개방돼 있지 않을 경우가 있으므로 회로를 체크해 본다.
	4. 전기기기류의 고장	4. 압 보턴스위치, 마그넷 스위치, 타이머 기타 제어계 기기류의 작동불량등이 있으므로 체크해서 처치
	5. 운전조작 미스	5. 운전조작 순서가 틀리는 것 • 전원스위치를 잊고 안넣는다. • 안전장치가 작동하고 있다. • 윤활유펌프가 작동하지 않거나 소정의 압력, 양, 위치에 도달하지 않았을 경우 등이 있다. 규정의 조작을 할것
고르지못한 회전	1. 전원전압의 변동	1. 전선 및 간선용량부족에 의해 피이크시 전압강하를 일으킬때가 있다. 전압측정과 동일간선의 가동상황을 체크 해서 필요하다면 근본적인 해결을 도모하는 것이 좋다.
	2. 기계적 과부하	2. 기동불능이 되지 않더라도 부분적인 부하변동이 있을 경우 • 회전체의 언밸런스 • 브레이크의 끌기 • 전동기 자체의 베어링손상 등이 있으며 체크해서 처치한다.

2. 전동기의 트러블과 수리조정기술

현 상	원 인	처 치 대 책
절연불량	1. 코일절연물의 열화	1. 먼지, 수분, 부식성가스, 윤활유등의 부착, 진동등에 의한 열화가 있고 근본적인 원인의 배제가 필요
	2. 리이드선, 배선 및 접속부의 손상	2. 자연열화, 진동, 파열이나 접촉,등에 의해 손상을 일으킬 경우가 있으므로 이것들로부터 충분히 보호한다.

2 수리조정상의 옷점

2 - 1 분해순서는 잘 확인하고 나서

소용돌이 이음달림 전동기는 그림1.1의 원리도에서 볼 수 있는바와 같이 처음에는 유도전동기부와 소용돌이 이음부가 별개로 만들어져 코먼베이스에 조정, 조립돼 있었다.

현재는 개량을 거듭해서 그림1.2와같이 코먼프레임형이 되고 예자 (励磁)코일에로의 통전도 슬립링레스가 됐으며 속도검출 발전기까지도 내장되어 조립, 조정도 대단히 편해졌다. (점검기준에서는 외부 부착형으로돼 있다)

그러나 소용돌이 이음은 그 이름과 같이 전자적인 슬립에의해 변속하기 때문에 발열이 크고 소형에서는 자기통풍에 의해 열방산되지만 15kw 정도 이상부터는 이음부분을 수냉식으로 하고 있다.

보통 이음부분에서 부터 분해를 시작하게 되지만 분해순서, 시일부의 구조등을 취급설명서에 따라 충분히 확인한 다음 시작한다.

예컨대 A사의 취급설명서에서는 속도검출발전기 내장형의 조립에는 이 부분의 상세한 구조도로서 그림1.5를 또 조립시의 리이드선의 빼내기 방법을 그림1.6과같이 설명하고 있다.

또한 분해, 조립에 있어서 알지못할 점이 있으면 메이커의 서어비스맨을 불러 충분히 확인한다.

전동기의 보전작업

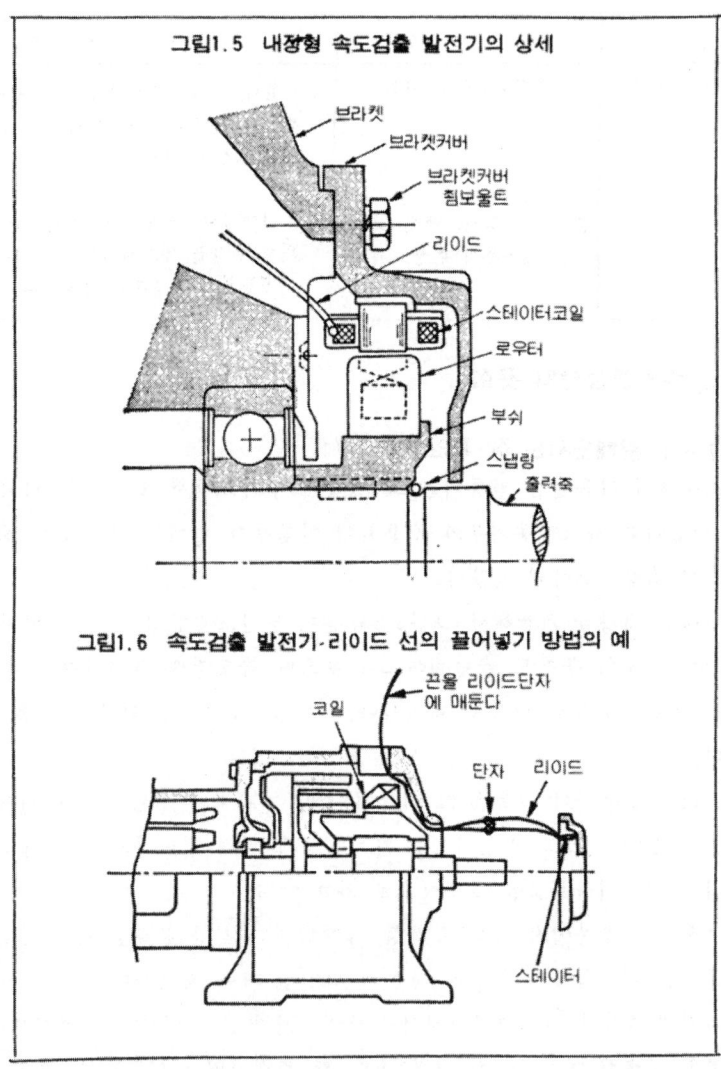

그림1.5 내장형 속도검출 발전기의 상세

그림1.6 속도검출 발전기·리이드 선의 끌어넣기 방법의 예

2 - 1 코먼베이스형의 중심내기의 옷점

 코몬프레임형의 조립조정은 편해졌다고 했으나 아직 구형의 코먼베이스형도 남아 있다.

2. 전동기의 트러블과 수리조정기술

그림1.7에 의해 그 중심내기방법을 소개한다.

유도전동기의 회전자는 양측 2개의 베어링으로 지지돼 있다. 그 조립의 기본형에 대해서는 《기계요소 작업집》에서 기술했다.

그러면 소용돌이 이음에서는 한쪽의 베어링이 전동기 로우터 속에 있고 또 한쪽이 베어링 대에서 지지돼 있다.

여기서 조립상태를 조사하기 위해 출력축을 손으로 돌려본다. 그때 전동기회전자가 같이 돌면 안된다.

출력축과 회전자는 1개의 베어링의 마찰로 연결 돼 있으나 회전자는 2개의 베어링의 마찰력이 작용하고 있어서 1개의 마찰력이 2개의 마찰력보다 크므로 같이 돌고 있는 것이다. 이것은 베어링이 뒤틀린상태로 조립됐다고 판단된다.

또한 중심내기의 가늠이지만 로우터와 여자코일부의 틈새가 균일한지 아닌지를 조사한다.

그림 1.7의 A. B. C. D. 의 4점이 입구에서 깊이까지 균등한 틈새라면 축은 일직선상이 되고 베어링은 최저의 마찰저항이 될 것이다.

또 코먼베이스도 출력축과 회전자의 중심내기에 영향을 미친다.

코먼베이스는 콘크리이트 기초에 설치하거나 기계대반에 부착되고 또

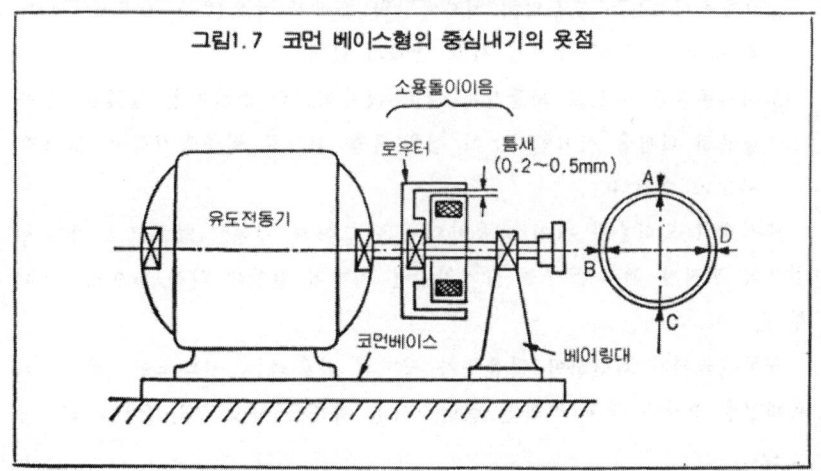

그림1.7 코먼 베이스형의 중심내기의 옷점

전동기의 보전작업

왜곡이나 잘못도 생기므로 반드시 정반(定盤) (서어피스 플레이트)과 같이 평면이라고 할 수 없다.

그러므로 코먼베이스와 전동기 사이 혹은 베어링대의 사이에 얇은 심을 넣어 조정해야 한다.

2 - 3 오우버러닝에 대해

소용돌이 이음달림 전동기는 메이커 각사에서 각각 연구 되어 구조적으로 상이점은 있으나 기본적으로는 전동기와 이음부분이 베어링으로 접촉돼 있는 것과 완전히 분리돼 있는 것으로 분류된다.

운전상의 특징으로서는 유도전동기를 회전시킨대로 출력축을 0에서 소정의 최고회전수까지 무단계로 볼륨의 손잡이 하나로 변속시킬 수 있다.

그러나 때에따라서는 안심하고 기계의 교체나 점검을 하고 있는 중에 생각지도 않았던 회전이 일어나는 것을 경험하고 있다.

그러면 어떤 경우에 이와같은 사태가 일어나는가를 다음에 기입하기로 한다.

① 베어링 접촉형에서는 중심내기 불량, 윤활불량등으로 소손을 일으켰을 때.

② 비접촉형에서는 로우터와 여자코일의 틈새가 작으(0.2~0.5mm정도)므로 먼지, 이물이 꽉차서 서로 돌때가 있다.

③ 여자볼륨을 0으로 되돌리지 않고 여자회로의 스위치를 넣었을 경우 당연히 회전을 시작한다. 이 경우 볼륨 0으로 잘못생각하고 있으면 사고가 생긴다.

제어계의 트러블에 의한 오우버러닝은 그다지 경험이 없으므로 거의 안심해도 되지만 거의 모두는 상기와같은 기계적 원인에 의한 것으로 생각한다.

유도전동기가 회전하여 이음부가 정지돼 있을때는 상대적인 회전비가 최대임을 염두에 두고 정확한 취급조작을 하게끔 항상 주의하여야 할 것이다.

③ 주변기기의 보전

전동기를 수리하고 있는 사이에 그 주변의 기기에 대해서도 잘 봐두어야 한다.

이 항에서는 그 주요한 보전상의 포인트에 대해 기술해둔다.

3 - 1 목시(目視)에 의한 점검

전동기의 주변의 기기에 대해서는 전원장치, 보호장치, 소용돌이 이음 제어계등이 있다.

이것들의 하나하나에 대해서는 신뢰성도 높고 또 고장도 대단히 적으며 개개에 대해 성능감사를 해도 고장방지의 의의는 적으므로 전반적인 목시검사에 의해 과열에 의한 변색, 풀림, 덜거덕거림등을 확인하고 먼지, 이물의 부착을 블로워로 청소해두기로 한다.

이 경우 콤프레스 에어는 물방울, 기름을 함유하고 있으므로 사용해서는 안된다.

3 - 2 절연측정

다음에 주변기기도 포함한 회로의 절열측정에 대해 기입한다.

최근 소용돌이 이음제어계에 반도체(SCR)가 쓰이고 있는 경우가 많으나 여기에 500V메가로 과전하면 대다수의 반도체는 파괴되므로 절연측정은 하지 않게끔 한다.

전기기기, 회로의 안전성의 유지, 고장방지의 조치에 대해서는 규정되어 있으며 전자는 공작물의 종류에 따라 절연저항치의 한도가 나타내져 있고 후자는 기기, 회로의 부설이나 접점, 수리등에 대한 규제와 관리의 의무가 부여돼 있다.

여기서는 전로의 절연에 대해 규정하고 있는 「전기설비 기술기준」의 일

표1.5 전기설비 기술기준(발췌)

1. 사용전압이 저압의 전로(전조 각호에 게재한 부분, 차량에 규정하는 전선로의 전로, 회전기 및 정류기의 전로, 조문에 규정된 변압기의 전로, 기구등의 전로, 조문에 규정된 접촉전선, 유희용 전차내의 전로 및 접촉전선, 직류식 전기철도용 전선 및 케이블카아의 전차선을 제외)의 전선 상호간 및 전로와 대지와의 사이의 절연저항은 규정에 의해 시설하는 개폐기 또는 과전류 차단기(전로에 과전류가 생겼을때 자동적으로 전로를 차단하는 장치를 말하는 것이다)로 구획지을 수 있는 전로마다에 다음의 표의 좌측 난에 게재한 전로의 사용전압의 구분에 따라 각각 동표의 우측의 난에 게재한 값 이상이어야 한다.

전 로 의 사 용 전 압 의 구 분		절연저항치
300V 이하	대지전압(접지식 전로에 있어서는 전선과 대지와의 사이의 전압, 비접지식 전로에 있어서는 전선간의 전압)이 150V이하의 경우	$0.1M\Omega$
	기타의 경우	$0.2M\Omega$
300V를 넘는 것		$0.4M\Omega$

2. 저압의 전선로(인하선 포함)중, 절연부분의 전선과 대지와의 사이의 절연저항 (다심케이블, 인입용 비닐절연전선 또는 다심형 전선에 있어서는 심선 상호간 및 심선과 대지와의 사이의 절연저항)은 사용전압에 대한 누설전류가 최대공급전류의 1/2,000을 넘지 않게끔 유지해야 한다.

부를 표 1.5에서 소개해 둔다.

고유기술과 법령에 의한 규제 및 직장관리라고 하는 면에서 본다면 이 종류의 절연측정작업은 보전부문, 수리부문의 어느것에나 공통되는 기술이며 소위 공무부문의 기초기술로서 확실히 숙련돼 있을 필요가 있다고 생각한다.

절연측정의 기준예를 표 1.6에 종합한다.

2. 전동기의 트러블과 수리조정기술

표1.6 전기회로 및 기기의 절연측정 기준예

요지 전기회로 및 기기류의 절연측정방법의 기준을 정한 것이다.

공작물의 종류		측정범위 및 개소	최저한도	측정회수	측정기록
전등회로	목조 건물내	개폐기 또는 과전류차 단기로 구분되는 회로 마다를 전선상호간 또는 대지간	0.2MΩ	연2회이상	3년보존
	기타의 건물내	동상 전선일괄과 대지간	0.2MΩ	연1회이상	동상
저압 동력회로	목조 건물내	동상 전선상호간 및 대지간	0.4MΩ	연2회이상	동상
	기타의 건물내			연1회이상	
저압기기		유도전동기의 경우는 개폐기 또는 과전류차 단기로 구분되는 ABC의 어느것과 대지간 직류전동기 및 변압기의 경우는 상기범위를 하기에 의함 P : S + E S : P + E	0.4MΩ	연1회이상	동상
고압회로		저압회로와 동일	400V 급 0.6MΩ 3000V 급 5MΩ	연1회이상	동상
고압기기		P : S + E S : P + E 전동기 및 변압기등의 1,2차간 및 대지간	동상	연1회이상	동상
가설회로 (저압한함)			2MΩ	사용전에 측정	1년보존

[주] 1. 저압회로 및 기기류에는 500V메가아불, 고압에서는 1,000V메가아불 쓸것.
2. 고압회로 및 기기류에 대해서는 전기설비기술기준에 절연측정의 규정은 없으나 열화의 기늠으로 하는 것이며 측정결과의 경년변화가 최저한도로 가까운 것은 원인탐구와 적절한 처치를 해야한다.
3. 고압회로 및 기기의 사용가부는 전기설비기술기준이 정한 내압시험에 견디느냐 못 견디느냐에 따라 결정된다.

유지담당자	개정연월일	개정사항 및 이유	책임자인

집필자	기 명	제정연월일	1975-04-15	발행책임자	제일보전과장

기계현장의 보전실무
〈 기능장치 〉

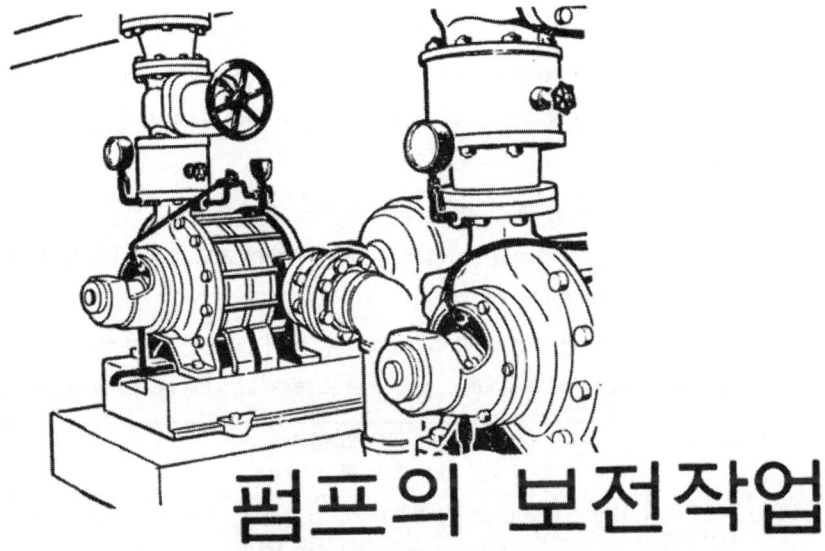

펌프의 보전작업

펌프의 보전작업

1. 펌프의 종류와 특징

① 펌프의 분류

공장에서는 설비의 냉각이나 가열, 물이나 기름의 순환, 폐수의 배출, 원료액의 송급등 때문에 많은 펌프가 쓰인다.

그러나 단지 이와같은 액체를 보내기만 한다면 간단한 펌프류이면 되지만 고압, 저압, 고온, 저온의 경우나 부식성의 액체, 위험성이 있는 액체, 고점도나 고형물을 함유한 것이 되면 펌프의 구조, 기능, 재질은 물론 그 취급, 보수도 복잡해지므로 여러가지로 힘든 문제도 일어난다고 생각하는 바이다.

그러므로 여기서는 우선 여러가지 펌프를 분류해본다.

펌프의 기구를 대별하면 (a)체적형(용적형이라고도 함) (b)속도형(터어보형)으로 나눌 수 있다.

마치 아이들의 장난감의 물총과같이 통 속의 피스톤을 움직여 그 이동하는 용적의 물을 빨아들이거나 토출시키는 형식이 체적형이고, 선박의 스크

표2.1 펌프의 분류

터어보형	원심 펌프(볼류트 펌프 또는 듀갈 펌프)
	터어빈 펌프(디퓨저 펌프)
	카스케이드 펌프(웨스코 펌프라고도 함)
	축류 펌프(프로펠러 펌프)
용 적 형	왕복동 펌프(워싱톤식 펌프, 플런져 펌프)
	기어 펌프(외접식, 내접식)
	트로코이드 펌프
	베인 펌프(불평형형, 평형형)
	액셜 플런져 펌프(경사축형, 고정경사판형, 회전경사판형)
	래이디얼 플런져 펌프

━━━━━━━━━━━━━━━━━━━━━━━━━━━━━━━━━━━━ 1. 펌프의 종류와 특징

류와 같이 물에 속도를 주어 이동시키는 형식이 속도형이라고 보면좋을 것이다.

그것들은 사용목적이나 액의 종류등에 따라 각각 특징을 갖고 있으나 표 2.1에 보통 자주 쓰이는 것을 분류했다.

2 각종 펌프의 일반적 특성

이하에 표 2.1에 게재한 각종 펌프의 구조와 일반적인 특성을 기술하기로 한다.

2 - 1 원심펌프(볼류트)

가장 일반적인 펌프이고 그림 2.1과같은 구조이다.

전 양정은 10~30m, 편흡입형은 $10m^3/min$, 양흡입형은 $50m^3/min$의 토출량의 것이 많이 쓰인다.

케이싱은 주철, 날개바퀴는 주철 또는 청동주물이 쓰이지만 고온부식성액 때문에 내열, 내식성금속이나 접액부분에는 고무, 유리, 도자기등도 쓰일 경우가 있다.

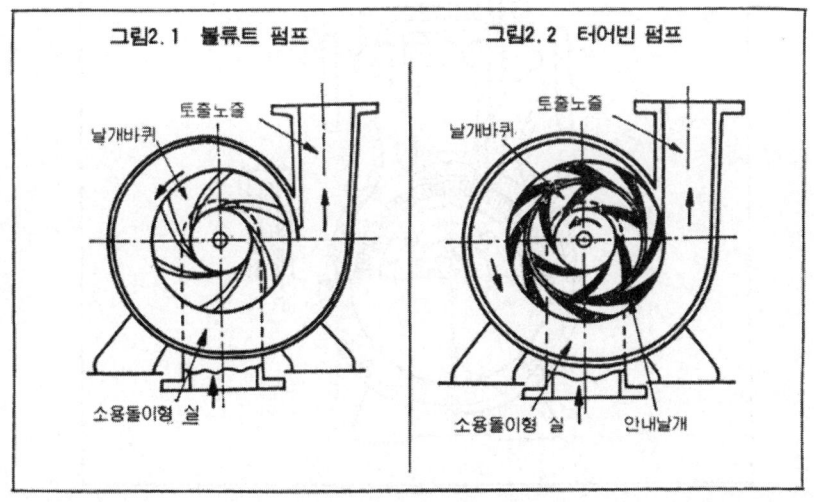

2 - 2 터어빈 펌프

이것은 원심펌프의 일종이지만 그림2.2와같이 날개바퀴(임펠러)의 주위에 안내날개(가이드베인)가 있으며 이것의 단수(段數)를 증가시킴으로써 양정은 비례돼서 증가한다.

고 양정용으로서 쓰이고, 보통 $30kg/cm^2$ 정도이지만 $100kg/cm^2$를 넘는 것도 있다.

2 - 3 카스케이드 펌프

이것은 주로 가정용 우물펌프, 온수순환용이나 소형보일러 급수용으로서 그림2.3과같은 구조를 하고 있고, 2~3단으로해서 $20kg/cm^2$정도의 것이 만들어지고 있다.

베어링을 양쪽 지지식으로 하고 접액부와 거리를 둠으로써 고온, 특수 저점도액용으로서 스테인레스제의 것이 있으나 토출량은 $150 \sim 200\ell/min$의

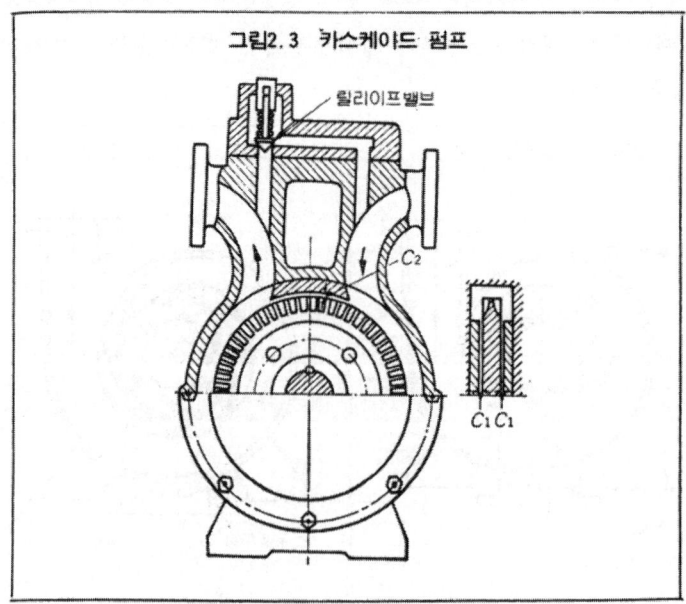

그림2.3 카스케이드 펌프

1. 펌프의 종류와 특징

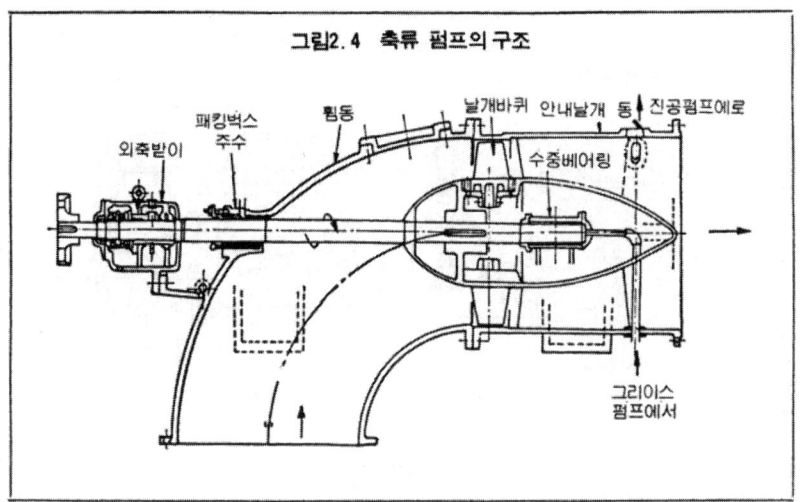

그림2.4 축류 펌프의 구조

소형이다. 펌프성능은 C_1, C_2 의 틈새로 좌우되며 보통 0.1mm이하로 유지해야 한다.

2 - 4 축류펌프

이것은 거의 10m 이하의 저양정용이지만 양수량이 많아 1000㎤/min 을 넘는 것도 만들어지고 있다.

그림 2.4와같이 볼류트펌프에 비해형태는 소형이고 구조도 간단하다. 또 양정의 변화에 대해 효율저하가 적은 특성을 갖고 있다.

2 - 5 왕복동펌프

왕복동형에는 워싱톤식, 플런져식등이 있으나 어느것도 흡입성능이 좋고 토출량의 변화는 거의 없다.

토출량을 조정하기 위해서는 스트로우크나 회전수를 바꾸든가 토출계의 일부를 도피시키게끔 한다. 보통 흡입밸브, 토출밸브를 필요로한다.

옛부터 있는 웨어식, 그림 2.5(a)의 워싱톤식등은 저압보일러(10kg/㎠ 정도)의 급수용으로서 쓰이고 있었으나 보일러의 자동화와 함께 터빈펌프

— 43 —

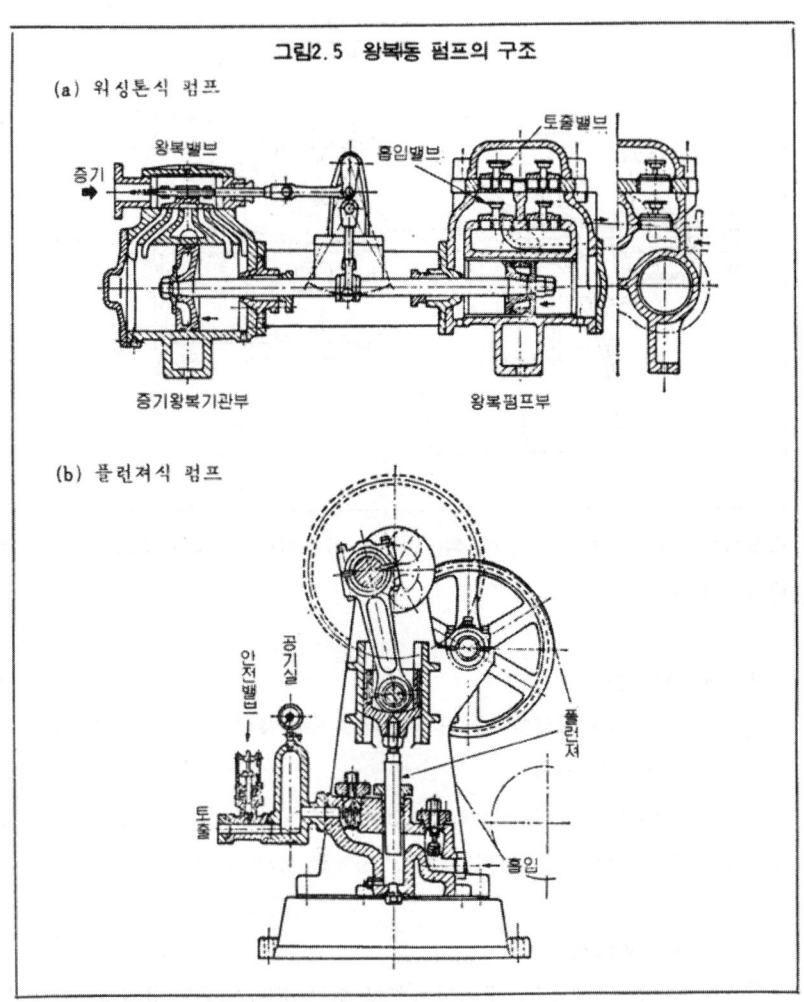

그림2.5 왕복동 펌프의 구조
(a) 워싱톤식 펌프
(b) 플런져식 펌프

로 바뀌고 차차 그 모습이 없어지고 있다.

또 그림 2.5(b) 플런져펌프는 토출량의 정확도나 고압성으로부터 유수압(油水圧) 프레스의 압력원으로서 부동의 지위를 유지하고 있다.

2-6 기어펌프

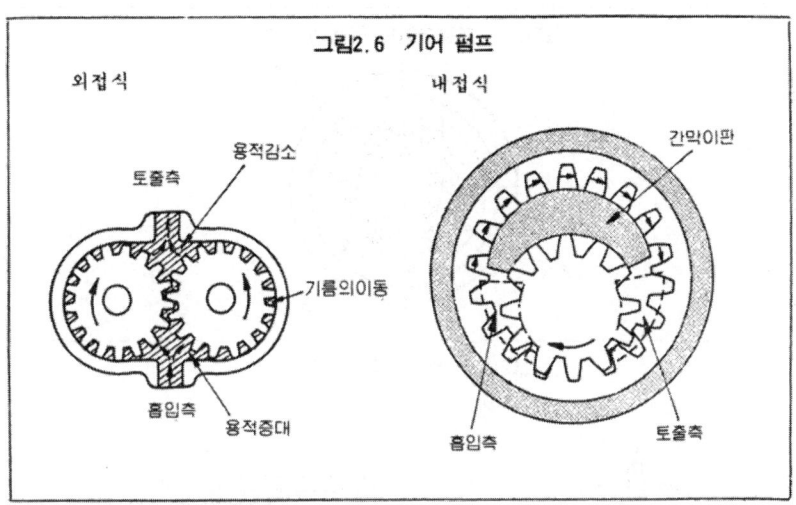

그림2.6 기어 펌프

구조상 그림 2.6과같이 외접식(外接式)과 내접식으로 분류된다. 왕복동 펌프에 비해 맥동이 적고 구조가 간단하며 취급도 쉽다.

송출액에 의해 이의 면, 베어링의 윤활을 하게하며 가솔린, 등유, 윤활유는 물론 중유, 타아르, 고무액, 비스코오스등 점도가 높은 액에도 적합하다.

또 고정도(高精度)로 만들어진 것은 유압용으로서 토출압력이 $140kg/cm^2$를 넘는 것도 있다.

2 - 7 트로코이드펌프

이것도 그림 2.7과같이 기어펌프의 일종이다.

거의 $10kg/cm^2$이하의 윤활유를 기계의 습동(摺動)부에 보내는데 쓰이고 있다.

2 - 8 베인펌프

베인펌프에는 그림 2.8과같이 불평형(不平衡)형과 평형형이 있다.

(a)의 불평형형은 로우터에 가로하중이 걸리기때문에 고압, 고속회전에는 좋지 않으나 $70kg/cm^2$이하의 유압용으로서 주로 쓰인다.

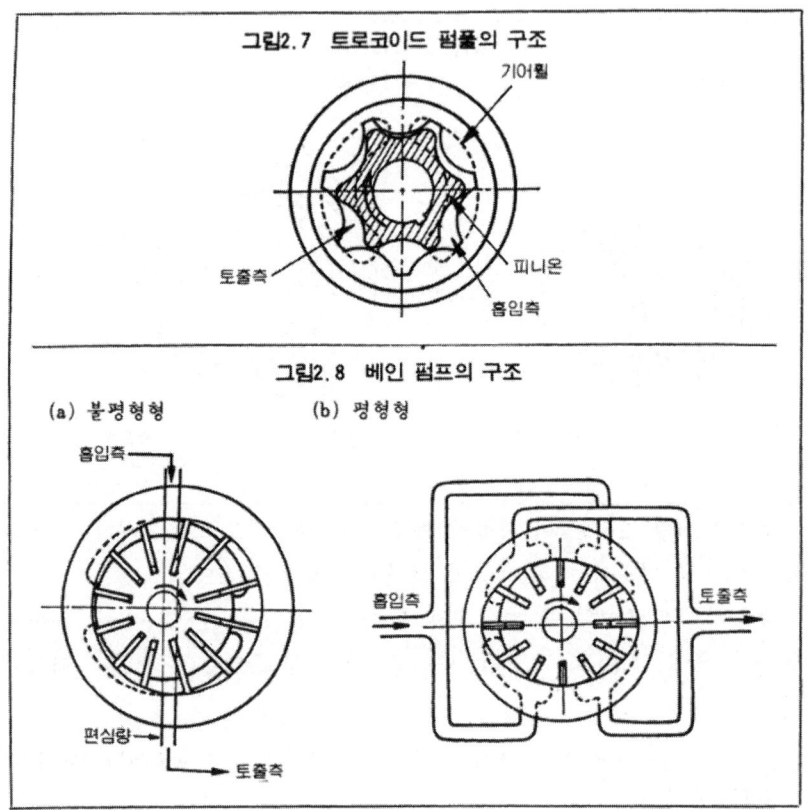

그림2.7 트로코이드 펌프의 구조

그림2.8 베인 펌프의 구조

평형형은 그 결점을 보충하려고 연구된 것이며 140~170kg/㎠에서 쓰이고 2단 직렬로 접속된 것은 200kg/㎠이상이나 되는 것도 만들어지고 있다.

2 - 9 액셜플런져펌프

실린더블록의 축심과 평행으로 7~9개의 피스톤이 배열되고 그림2.9 (b), (c)와같이 피스톤을 스트로우크시키기 위해 경사판을 쓰는 사판(斜板)형과, (a)와같이 실린더블록을 경사시키는 사축(斜軸)형으로 대별된다.

이것들은 소형인데도 스트로우크를 길게 잡을 수 있고 고압, 고속, 대용

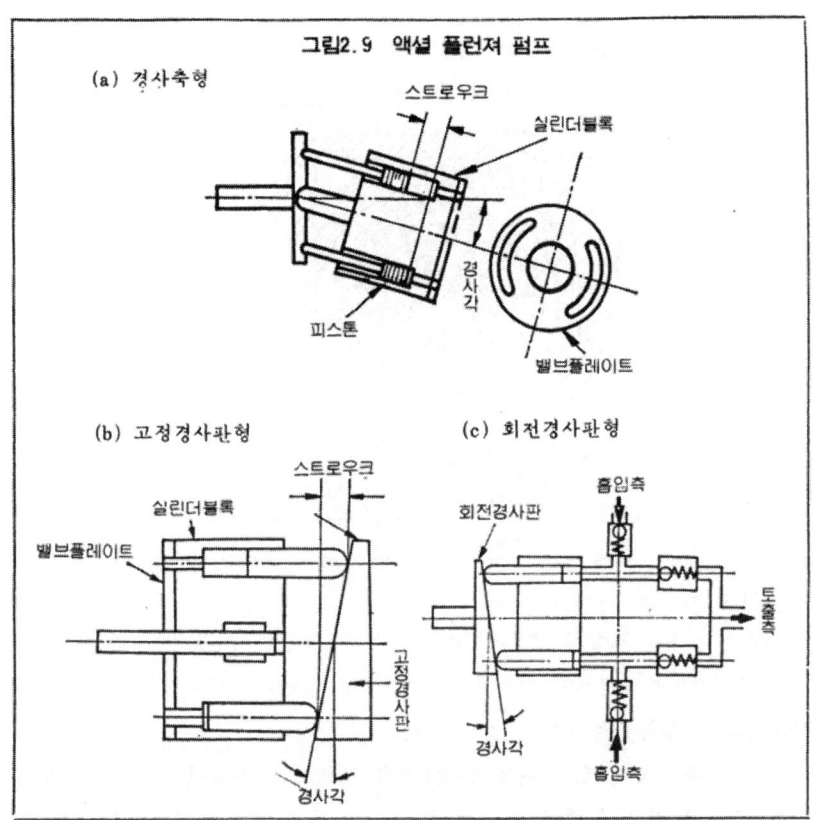

그림2.9 액셜 플런져 펌프
(a) 경사축형
(b) 고정경사판형
(c) 회전경사판형

량이며 효율도 좋다.

또 경사각이 고정된 것과 변경이 가능한 것이고 정용량(定容量)형, 가변용량형이 있으며 4000r/m, 5000kg/cm²의 것도 만들어지고 있다.

2-10 레이디얼플런져펌프

그림 2.10과같이 실린더블록의 외주에 중심을 향해 방사상으로 플런져를 부착하고 편심시킨 슬라이드블록 속에서 회전시켜 상대적인 플런져의 운동에 의해 흡입, 토출하는 것이다.

이 흡입, 토출은 핀틀이라고 하는 로우터의 중심축에 설치한 포오트에서

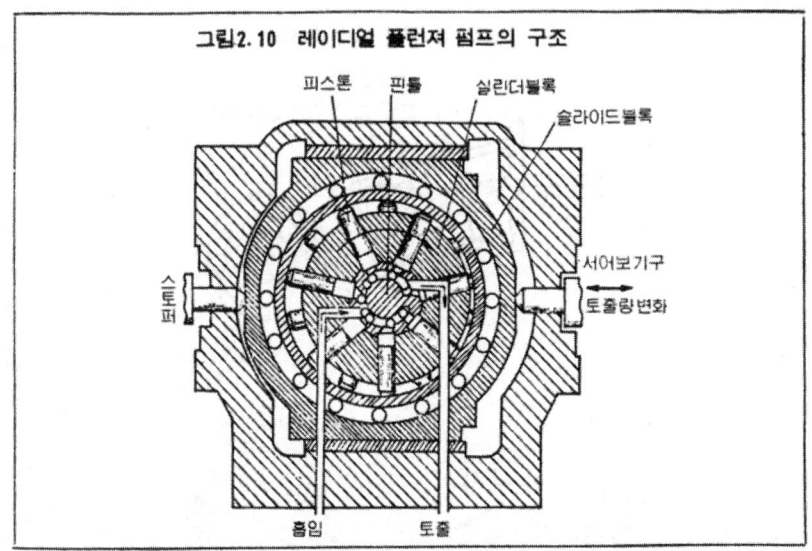

그림2.10 레이디얼 플런져 펌프의 구조

행하여진다.

슬라이드블록 편심의 정도를 고정한 것과 변경할 수 있는 것에 따라 정용량형, 가변용량형으로 나뉘운다. 또 고정 실린더형이고 피스톤을 캠, 크랭크등으로 왕복운동시키는 것도 있다.

보통 저속성능이 좋고 관성(慣性)력이 적으므로 정반전(正反転), 변속시의 충격이 적은 특성이 있으나 회전수 범위는 2000r/m이하, 압력도 200 kg/cm²이하이다.

여기서는 전문서나 편람등과같이 모든 것을 포함시키고 특수사용조건까지 기입할 수 없으므로 그와같은 경우에는 참고서, 편람, 캐털로그나 메이커 기술자와 검토해야 한다.

그러나 지금까지 기입한 일반적으로 자주 쓰이는 것에 대해서는 보전기술자로서 기본사항이나 지식을 몸에 배게하고 항상 현장에서 조우하는 사태에 언제나 대처하여 응용할 수 있게하는 것이 좋다.

이하에 펌프의 대표적인 것을 들어서 그 취급과 일상보수 및 수리의 옷점에 대해 종합한다.

2. 원심펌프의 보전작업

일반적으로 펌프라고 하면 원심펌프로 대표될 정도로 범용적인 것이며 공장내의 상수도, 공업용수, 폐수 기타의 수용액의 송배수등 광범위하게 쓰이고 있다.

구조, 기능은 간단하며 수동, 자동운전을 할 수 있으나 일단 잘못되거나 고장을 일으키면 예측할 수 없는 영향을 미칠지도 모른다.

이와같이 원심펌프는 중요한 역할을 갖고 있으나 그것의 메인테 넌스에 있어서는 단지 펌프본체만을 문제로 삼고 있다면 불충분하다. 급배수 관로 (管路)나 자동제어계까지를 포함시킨 취급이 필요하며 설치에 있어서뿐만 아니라 일상운전, 분해정비에 이르는 종합기술이 필요하다.

그러므로 이 항에서는 그것들에 대해 급소가 되는 점을 종합해 보기로 한다.

① 설치의 순서와 포인트

(1) 콘크리이트 기초

콘크리이트 기초가 2주간이상의 충분한 양생기간을 지난다음 설치를 개시하게끔 한다. 확실히 수평으로 설치해두지 않으면 접속되는 배관의 수직 수평이 불량해져 보기좋지않은 것이 된다.

(2) 수평중심내기

수평중심내기는 기초면과 펌프헤드사이에 10~15mm두께의 구배라이너를 넣고 시행하며 앵커보울트 구멍에 모르터를 충만시켜 굳힌다.

이것도 약 2주간의 양생을 필요로 한다. 부득이 기간의 단축이 필요할 때는 베로시멘트나 논슈링크모르터(빨리, 수축됨이 없이 굳는다)를 쓰면 3~5일사이에 굳는다.

(3) 그라우팅

펌프의 보전작업

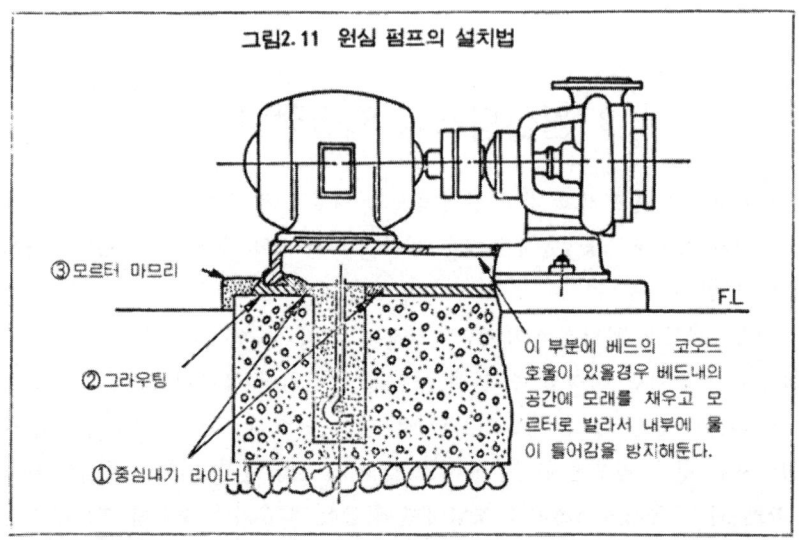

그림2. 11 원심 펌프의 설치법

③ 모르터 마므리
② 그라우팅
① 중심내기 라이너

이 부분에 베드의 코오드 호울이 있을경우 베드내의 공간에 모래를 채우고 모르터로 발라서 내부에 물이 들어감을 방지해둔다.

　기초보울트의 모르터가 굳었으면 보울트를 죄고 한번 더 수평중심내기와 커플링 중심내기를 하고 기초와 베드의 틈새에 모르터를 충분히 충정해둔다.

　이것을 그라우팅이라고 하지만 베드가 기초면에 라이너만으로 접속돼 있으면 진동등으로 헐거움이 생기기 쉬우므로 모르터로 굳히지만 보통의 모르터는 응고할때 수축되므로 앞에서 기술한 논슈링크(무수축) 모르터로 그라우팅하는 것이 바람직 하다.

(4) 모르터 마무리

　베드 주변의 모르터 마무리는 이 경우 특히 중(重)기계, 고 진동기계는 아니므로 최후에 해도 된다.

　그러나 모르터 마무리라고 하는 것은 서튼사람은 무리이므로 전문직에 의뢰해서 곱게 마무리한다.

　중심내기 라이너, 그라우팅, 모르터 마무리등의 방법이나 순서에 대해서는 그림 2. 11을 참고하기 바란다.

2. 원심 펌프의 보전

② 배관 시공상의 주의

(1) 펌프 본체와 배관

배관을 펌프와 접속할때 플랜지나 니플부에서 틈새가 많아져 질때 펌프쪽으로 배관이 오게끔 하지말 것.

또 그 반대로 배관이 펌프에 걸쳐지거나 매달려져 있는 모양이 되면 펌프에 무리가 생겨 중심이 잘못되거나 진동의 원인이 되며 때에 따라서는 펌프 케이싱이 파손되거나 한다.

또 펌프가 큰 배관중량을 받거나 배관의 온도변화에 의한 팽창, 수축등

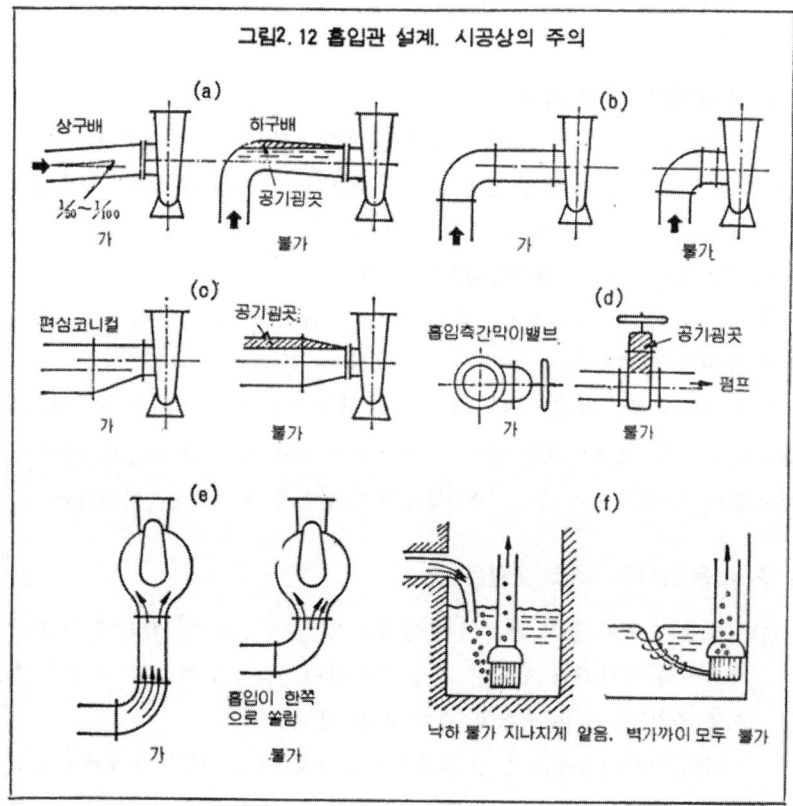

그림2. 12 흡입관 설계. 시공상의 주의

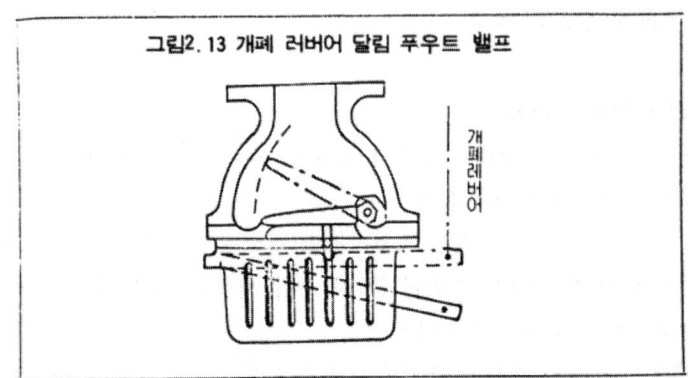

그림2.13 개폐 러버어 달림 푸우트 밸프

이 펌프에 영향을 미치지 않게 배관 서포오트를 충분히 고려하지 않으면 안된다.

(2) 흡입(吸入)측의 설계

배관계에서 일어나는 트러블의 2/3는 흡입측의 설계, 시공불량이 원인이다. 그 대표적 예를 그림 2.12에 나타냈으나 관 속에 공기가 체류하는 것과 흐름이 고르지 못한 것이 큰 문제점이다.

(3) 개폐 레버어달림 푸우트밸브에 대해

흡입관에는 반드시 그림2.13과같은 개폐 레버어가 달린 푸우트밸브를 부착해 두어야 한다.

개폐 레버어에는 체인이나 마 로우프를 연결하여 손이 미치는 곳 까지 느려뜨린다. 푸우트밸브에는 먼지나 이물이 끼우기 쉽고 그 때문에 물이 누설됐을때 이 로우프를 두, 세번 잡아당겨 먼지를 제거하면 편리하다.

3 시운전시의 체크 포인트

① 펌프를 손으로 돌려 가볍게 돌아가는 것을 확인한다. 회전이 고르지 못하거나 걸리거나 한다면 수정해야 한다. 스타핑 벅스의 패킹도 손으로 돌릴 수 없을 정도로 세게 죄면 안된다.

베어링이 기름윤활인 것은 오일게이지로 적정유면을 체크하고 오일 캡을 떼내고 오일링의 회전도 확인한다. 그리이스 윤활일 경우에는

2. 원심 펌프의 보전

원칙으로서 확인할 필요는 없다고 본다.

② 다음에 마중물을 넣지만 우선 공기빼기 코크를 열고 마중물 깔때기로 주수한다. 흡입관, 케이싱의 용적을 예상해서 적당량을 넣고 공기빼기 코크에서 넘치면 푸우트 밸브는 완전히 닫혀있다고 봐도 될 것이다.

　 푸우트 밸브에 누설이 있다면 개폐 레버어를 잡아당겨 다시한번 마중물을 넣는다. 마중물이 빠진다면 푸우트 밸브를 떼내고 충분히 점검 할 필요가 있다.

　 시운전시 부터 푸우트 밸브가 좋지 않으면 앞으로도 이 펌프때문에 고생하게 된다.

③ 볼류트 펌프의 경우는 반드시 토출밸브를 닫아두어야 한다.

　 한편 터어빈 펌프, 축류 펌프, 왕복동 펌프에서는 전개(全開)로 해둔다.

　 스위치 온에서는 최초 1~2回 약간씩 기동시키고 펌프에 이음이 없음을 확인한다음 운전에 들어 간다. 볼류트 펌프에서는 10~20초간 이상이 없다고 알았으면 토출 밸브를 서서히 열어 모우터 전류, 토출량 등을 체크한다.

④ 연속운전에 들어간 다음 펌프의 진동, 발열, 흡입압력, 토출압력, 토출량, 모우터 전류를 체크해서 시운전기록으로서 남겨둔다.

4 일상 운전상의 주의

(1) 윤활

그리이스 윤활 볼베어링의 펌프는 베어링에 이상한 발열, 이음, 진동이 없는 한 오우버호울에서 오우버호울까지는 급유의 필요는 없다. 또 그것을 목표로 그리이스의 양과 종류를 선택해야 한다.

기름 윤활의 펌프에서는 신설당초에는 기름이 오손되기 쉬우므로 유면계에 의해 유량과 오손상태를 체크해서 오손이 있으면 바꾼다.

(2) 압력계와 그 점검

토출압력계, 흡입압력계(진공계)의 코크는 평소는 닫아두고 순회점검시 열어서 펌프가 정상적으로 운전되고 있는지 아닌지를 확인한다.

이 종류의 압력계류는 필요시 이외에는 작동하지 못하게하는 것이 오래 쓸 수 있는 비결이다.

(3) 푸우트 밸브의 스트레이너의 점검

압력계의 지침이 심하게 혼들리거나, 토출량이 급속히 감소되거나, 펌프의 이상한 진동등이 일어날 경우는 푸우트 밸브의 스트레이너에 천 조각, 종이 조각이 붙어 있을 경우가 있으므로 체크한다.

(4) 베어링 온도

연속운전으로 들어가면 베어링 온도는 올라간다. 이것이 손으로 쥐고있을 정도(거의 60℃ 이하)라면 문제는 없으나 실온(室溫)+40℃ 이상이 될 경우에는 이상하다고 보고 점검, 조정한다.

(5) 패킹부의 온도와 누설

패킹의 지나친 죔 때문에 스타핑 벅스가 발열돼 있지 않는 가를 조사해 본다. 이 부분도 거의 60℃ 이하에서 패킹부분에서 소량의 물이 누설될 정도가 적당하다.

이 누설된 것은 부근의 배수구로 유도하게끔 하고 펌프의 주변은 언제나 깨끗하게 해둔다.

취급하는 액체가 유해, 위험한 것이라면 펌프를 신설할때 당연히 누설이 없게끔 고려해야 하지만 설치후, 사용조건의 변화등이 있으므로 그 경우에는 특별한 폐액(廢液)받이의 연구가 필요하다.

그랜드 패킹의 스페이스에서 부착이 가능한 미커니컬시일도 만들어지고 있으나 축 진동정도(振動精度)의 유지가 힘들고 개조에 대해서는 검토하지 않으면 안된다.

(6) 베어링부의 보온

옥외에 설치된 펌프는 베어링부를 글라스울로 감고 양철판으로 씨우는 소위 보온공사를 하고 온도변화에 의한 내부의 결로를 방지하며 그리이스

2. 원심 펌프의 보전

나 윤환유가 빨리 열화를 일으키지 않게한다.

(7) 운전정지시의 주의

운전을 정지할때는 토출밸브를 닫은다음 전동기를 정지시키는것이 원칙이지만 자동운전이나 정전시에는 그 조치를 할 수 없다.

그 때문에도 흡입관의 푸우트밸브, 토출계에 부착하는 체크밸브는 항상 성능이 좋아야 한다. 그것들은 또 수격(水擊)현상과도 관계가 있으므로 적정하고 안정된 것을 쓸 필요가 있다.

(8) 운전휴지시의 조치

장기간 운전을 멈출경우는 스타핑 벅스안의 방청을 위해 그랜드 패킹은 빼내고 새로운 것에 그리이스등을 칠해 교체해둔다.

기타 베어링, 축 이음의 방청처치, 펌프내의 물빼기등이 필요하다.

또 한랭지에서는 휴지기간이 짧드라도 마찬가지 처치를 하고 야간운휴의 경우는 동결방지를 위해 펌프본체, 밸브, 배관류를 보온하지 않으면 안된다.

5 일반적인 트러블과 대책

이하의 표에 의해 일반적인 트러블과 그 대책을 종합해보았다.

현 상	원 인	대 책
기동치않음	○원동기가 고장이다.	○전동기, 엔진등을 수리
기동 물이 안나옴	○마중물하지 않음 ○제수밸브 닫힘 ◎양정이지나치게 높다. ○회전방향 반대 ○날개바퀴가 메여 있다. ◎흡입양정이 높다. ○스트레이너, 흡입관이 꽉 메여 있다. ○회전수가 저하	○한번더 마중물 함 ○밸브를 조사 ○압력계·진공계로 확인 ○화살표 조사 ○내부를 본다 ○진공계로 잰다 ○내부를 본다 ○회전계로 잰다

펌프의 보전작업

하지만	규정수량, 규정 양정이 안나옴	○ 공기 흡입됨 ○ 회전수 저하돼 있음 ◎ 토출양정 높다. ◎ 흡입양정 높다 ○ 푸우트밸브 흡입관이 물에 잠겨 있다 ○ 날개바퀴 메여있다 ○ 회전방향 반대 ○ 웨어링이 마모되어 있다 ◎ 액온이 높던가 휘발성 액이다.	○ 흡입관, 패킹벅스조사 ○ 회전계로 잰다 ○ 압력계로 조사 ○ 진공계로 조사 ○ 흡입관을 늘림 ○ 내부를 본다 ○ 화살표 조사 ○ 분해수리함 ○ 計画を再檢討する
	처음에 물나오 나 곧 안나옴	○ 마중물 충분치 못함 ○ 흡입축에서 공기를 빤다. ◎ 배관불량으로 흡입관내에 에어포켓이 생김 ○ 봉수계통이 메여있다 ◎ 흡입양정 지나치게 높음	○ 마중물을 충분히함 ○ 흡입축 조사 ○ 배관상태 조사 ○ 보수계통을 조사 ○ 진공계로 조사
기동하지만	과 부 하	◎ 회전이 과속 ○ 양정 낮음 ○ 토출량 많음 ◎ 액비중 큼 ○ 동채부분이 휨 ○ 회전부분이 닿음 ○ 축이 굽다 ○ 그랜드 패킹을 지나치게 잼다.	○ 회전계로 조사 ○ 토출간막이밸브 짐 ○ 토출간막이밸브 짐 ○ 계획 재검토 ○ 배관상태를 본다 ○ 분해수리함 ○ 분해수리함 ○ 그랜드패킹을 느슨하게 함
	베어링 더워짐	○ 볼베어링이 손상 ○ 기름윤활시 기름부족	○ 볼베어링 교환 ○ 윤활유를 보급
	펌프가 이음진 동한다.	○ 날개바퀴일부 메여있다 ○ 축이 굽었다 ○ 설치가 불량 ○ 볼베어링 손상 ◎ 캐비테이션 발생	○ 내부 점검함 ○ 분해수리함 ○ 설치상태 조사 ○ 볼베어링 교환 ○ 전문가에 상담

원인 중 ◎표를 한 것은 펌프의 설치계획, 설치단계에서의 미스라고 볼 수 있다. 따라서 이와같은 원인은 통상의 운전상태에서는 일어날 수 없는

것이지만 장기간 중에는 흡입, 토출계나 운전의 모든 조건이 설치당초와는 변하므로 일어날때가 있다. 이것들의 사태는 그와같은 감각으로 대처해 나가야 한다.

6 특수한 트러블과 대책

캐비테이션이나 서어징, 수격(水擊)현상은 유체기기에 항상 따라다니는 것으로 보고 있고 또 확실히 기기의 성능에 있어서 치명적인 문제라고도 볼 수 있다.

그러나 그것들은 기기의 설계제작, 설치계획이나 선택단계에서 충분히 검토해둘 문제이며 일상운전 중에 이와같은 현상이 일어난다면 쓰지 못할 것으로 보아도 된다.

단지 전항에서도 기술한바와 같이 설치당초에는 이상이 없어도 장기간 중에는 사용조건이 모르고 있는 사이에 변하고 만다는 현실도 있으므로 이 항에서는 볼류트 펌프를 대상으로하여 실제적인 면에서 거론하기로 한다.

6 - 1 캐비테이션

(1) 캐비테이션의 원리와 현상

일반적인 표현으로 말한다면 어떠한 고성능의 펌프라도 상온의 물을 10m 이상의 높이로 끌어 올릴 수 없다. 또 100℃의 물을 그 수면보다 위로 끌어 올릴 수도 없다.

상온의 물을 약 10m 높이까지 끌어 올리는 것은 완전진공을 의미하며 증발하고 만다. 또 100℃의 물은 대기압에서 증발하고 있으므로 흡입관내는 증기로 꽉차서 물이 없어져 흡입할 수 없기 때문이다.

이와같이 액체의 온도와 펌프의 양정에는 깊은 관계가 있으나 예컨대 수온과 흡상가능한 높이의 관계를 표2.2에 나타낸다.

이것은 흡입형식인 펌프가 양수불능이 됐을때의 체크포인트의 하나이지만 온도조건이 변할 가능성이 있을때는 대단히 중요한 문제가 되는 것이

표2.2 수온과 흡상가능 높이의 관계(청수의 경우)

온 도 °C	이론상 가능한 전흡상양정 m	실용상 가능한 최대 흡상 양정				
		원심펌프 m	터빈펌프 m	카스케이드펌프 m	왕복펌프 m
0	10.33	7.0	7.0	7.6	7.6
20	10.09	6.5	6.5	7.2	7.2
40	9.58	5.0	5.0	5.4	5.4
60	8.31	3.0	3.0	3.2	3.2
70	7.16	1.5	1.5	1.7	1.7
80	5.51	0	0	0.3	0.3
90	2.19	-2.5	-2.5	-2.2	-2.2
100	0	-5.0	-5.0	-4.5	-4.5

[주] 본표는 보통 푸우트밸브, 흡입관등의 마찰손실을 포함, 표고 100m 이하의 평지의 값으로하고 표고1,000m에 대해 약 1m를 본표에서 뺀다. 마이너스 값에는 가산한다.

다.

이것과 마찬가지인 조건이 펌프내의 물의 흐름에 부분적으로 발생 할때가 있다.

즉 펌프내의 어떤 부분에서의 압력이 그 때의 수온의 증기압 이하가 되어 부분적인 증발이 일어나 기포(気泡)가 발생하여 압력이 높은 부분에서 소멸된다고 하는 것을 반복하여 펌프의 진동, 소음을 일으켜 양수량이 저하되는 것이다.

이와같은 현상을 일반적으로 캐비테이션이라고 한다.

(2) 괴식(壞蝕)

또 일단 발생된 기포가 고압에 의해 소멸할때 생기는 충격압에 의해 그림2.14(a), (b)와같이 날개의 부분이나 동체의 일부가 해면(海綿) 상으로 좀이 먹어들어간 것 같이 된다.

이것을 괴식이라고 하지만 발전되면 언젠가는 파괴적인 것이 된다. 펌프를 분해했을 때 날개바퀴나 동체내부를 잘 점검해서 이와같은 괴식의 유무를 조사해야 한다.

2. 원심 펌프의 보전

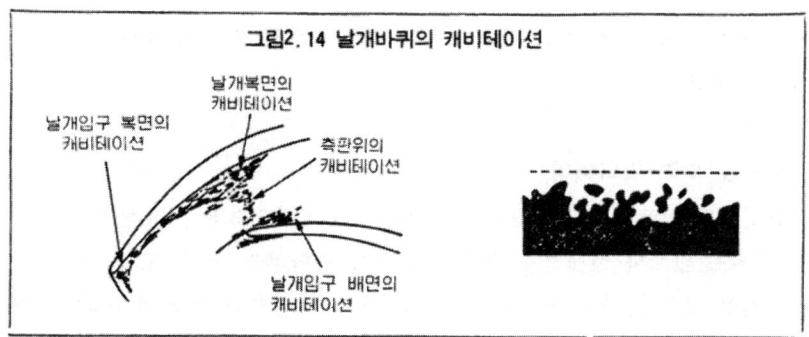

그림2. 14 날개바퀴의 캐비테이션

(3) 캐비테이션의 방지책

캐비테이션 방지대책으로서는
① 설치당초의 조건과 현상의 조건을 비교검토할 것.
② 흡상 높이와 수온의 관계를 체크할 것(표2. 2참조)
③ 흡입관경을 굵게해서 (예컨대 그림 2.12(c)의 편심 코니컬 흡입관) 흡입유속을 낮춘다.
④ 푸우트 밸브, 벤드, 슬루우스 밸브등을 다시 보고 흡입관의 유동저항을 적게한다.

등의 조치를 취한다.

6 - 2 서어징

운전중의 펌프와 토출계를 포함해서 특유의 주기로 토출압력, 토출량이 변동하여 이상한 음, 진동이 따라 소위「숨이 찬」현상을 일으켜 심할 경우에는 운전을 계속할 수 없게된다.

그러나 이 서어징은 비교적 난잡한 토출계에 생기는 현상이며 토출량과 양정, 토출밸브의 위치, 토출계에 생기는 공기곪이나 다른 성능의 펌프의 병열 (並列)운전 (같은 형의 펌프라도 성능이 다를 경우도 포함)등 몇가지 요인이 겹쳐서 발생한다고 한다.

일반적으로는 일상의 취급운전상 그다지 염려할 필요는 없으나 펌프의 신설당초에는 운전상태를 충분히 주의해서 점검하고 이와같은 현상이 약간이나마 눈에 띄면 설계 기술자나 펌프 메이커를 불러 철저하게 원인을 배체할 필요가 있다.

6 - 3 수격(워터해머)

운전중의 펌프를 정지시킬때 오페레이터가 토출밸브를 서서히 닫으면 거의 문제는 없으나 실제로는 반드시 그렇게 한다고는 볼 수 없는 것이다.

정전일 경우나, 액면제어에 의한 자동운전의 경우는 보통 토출밸브는 개방된대로 행하여진다.

펌프 운전중의 관내의 물은 어떤 일정한 유속으로 운동하고 있으나 펌프의 정지에 의해 유속도 정지되게 되어 그 변화가 급격할수록 수압변화는 충격파가 되어 나타난다.

이것을 수격(워터해머)이라고 하며 이때에 생기는 이상압력은 통상시의 토출압의 수배라고 하며 토출관내를 왕복하면서 차차 감쇠돼가는 것이다.

이 수격이 큰 문제가 되는 것은 양수발전소나 대규모의 양수설비, 수도설비등이고 일반 공장용으로는 예컨대 고가수조에로의 양수 펌프나 고압 보일러의 급수 펌프등에서도 그다지 문제가 될 정도의 경험은 없다.

대규모 설비에서는 토출계의 주개폐밸브나 체크밸브를 자동적으로 천천히 닫히게 하는 장치를 구비하는 것이 보통이다.

일반공장에서는 이 종류의 트러블은 신설당초에 나타나는 것이므로 그와같은 경우에는 설계자나 메이커를 불러 적절한 조치를 검토하게끔 하는 것이 좋다.

7 분해의 순서와 급소

① 우선 흡입커버어를 떼낸다. 케이싱과의 접합면에는 시이트 패킹이 들어가 있을 경우가 있으나 밀착 돼 있으므로 눌러빼기 나사구멍을 이용해서 패킹의 두께를 체크해둔다.

2. 원심 펌프의 보전

재조립시 마찬가지 두께의 새로운 것과 교체할 필요가 있기 때문이다.

② 다음에 날개바퀴 너트를 빼내지만 이 너트는 원주형이고 스패너를 걸기 위해 2면이 깎아져 있으며 대다수는 놋쇠판제의 굽힘와셔에 의해 풀림방지가 돼 있다.

이 와셔를 일으켜서 빼내지만 나사는 날개바퀴의 회전방향에 대해 마음대로 됐다고 보아도 거의 틀림이 없다. 그러므로 푸는 방향을 약

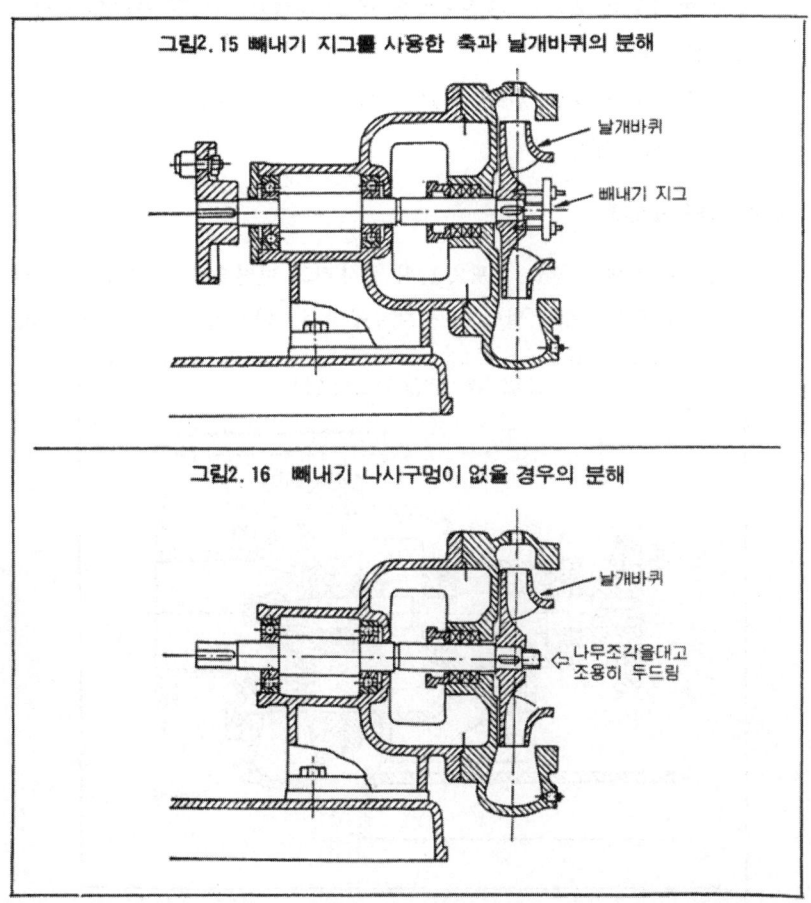

그림2.15 빼내기 지그를 사용한 축과 날개바퀴의 분해

그림2.16 빼내기 나사구멍이 없을 경우의 분해

펌프의 보전작업

간 시험해보고 틀림이 없으면 그대로 둔다.

③ 날개바퀴와 축은 페더키이로 고정되어 보통은 녹이 나서 고착 돼 있다. 너트와의 접합면에 빼내기 나사구멍이 있으므로 그림 2.15와같은 빼내기 지그를 만들어 뺀다.

　나사구멍이 없을 경우 무리하게 쇠지렛대등으로 후비면 날개바퀴를 손상시키므로 일단 중지하고 축의 반대측 즉 커플링, 베어링 누르개를 분해하여 그림 2.16과같은 상태로 한다. 그리고 날개바퀴를 케이싱에 맡겨두고 축단에 나무조각을 대고 가볍게 두드려 상태를 보면서 빼내면 된다.

④ 기타의 부분에 대한 분해는 일반적인 기술과 주의를 하면 그다지 힘든 것은 아니다.

8 수리의 포인트

우선 펌프의 열화손상을 그림2.17의 원심펌프 단면으로 생각해 본다면 날개바퀴의 입구부근에서 일어나는 캐비테이션, 웨어링 마모, 축의 그랜

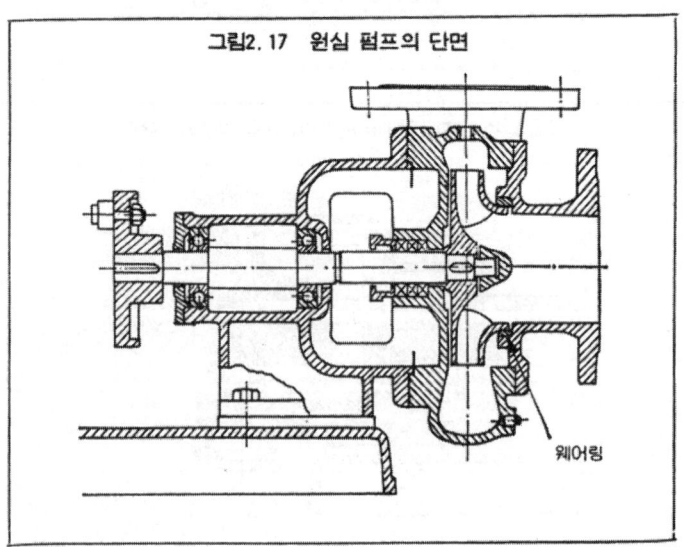

그림2.17 원심 펌프의 단면

2. 원심 펌프의 보전

드패킹부 마모, 커플링 슬리이브 마모등이 수리의 대상이 된다.
여기서 개개의 수리의 포인트를 기술한다.

(1) 캐비테이션과 수리

캐비테이션을 일으킨 날개바퀴는 납땜, 용접등으로 수리할 수도 있으나 회전 밸런스가 나빠 지므로 메이커에서 부품을 구입해서 바꾸지 않으면 안된다.

그 방지대책에 대해서는 앞에서 기술한 특수한 "트러블과 대책"의 항을 참조하기 바란다.

(2) 웨어링 마모와 수리

웨어링 마모의 원인은 물에 혼합 돼 있는 토사나 이물과 베어링 마모에 의한 날개바퀴의 진동회전이나 축의 굽음이 원인이 되며 오래 쓴 것에서는 날개바퀴와의 틈새가 2~3mm나 될 경우가 있다.

이것들의 원인에 대해서는 조급히 제거할 필요가 있으나 마모가 일어난 후에는 날개바퀴의 부분도 선반으로 최소한도로 깎아서 수정하고 웨어링은 날개바퀴에 현물맞춤을해서 새로이 만들어 바꾼다.

이때 틈새치수는 펌프 도면이라든가 취급설명서에 의해 확인하지만 통상, 직경100mm의 경우 직경이 0.3~0.4mm를 표준으로 보면 된다.

고가수조용의 펌프등에서는 이 부분이 2~3mm나 마모되면 양수량이 10~20%는 확실히 저하된다.

펌프 신설시 또는 수리했을때는 틈새치수와 양수 소요시간을 기록해둠과 동시에 때때로 체크해서 수리시기의 판정에 편리하게끔 해두는 것이 좋을 것이다.

(3) 축의 그랜드 패킹부의 마모와 수리

축의 그랜드 패킹 접촉부도 쉽게 마모되는 부분이다. 청수(淸水)용 펌프라도 부식등 때문에 3~5년째에는 마모도 진행되므로 바꾼다. 이 경우도 메이커에서 축의 부품도를 가져와야 한다.

축을 대작(代作)할때의 포인트는 그림 2.18의 ※표에 나타낸 치수를 확실히 확보해둔다.

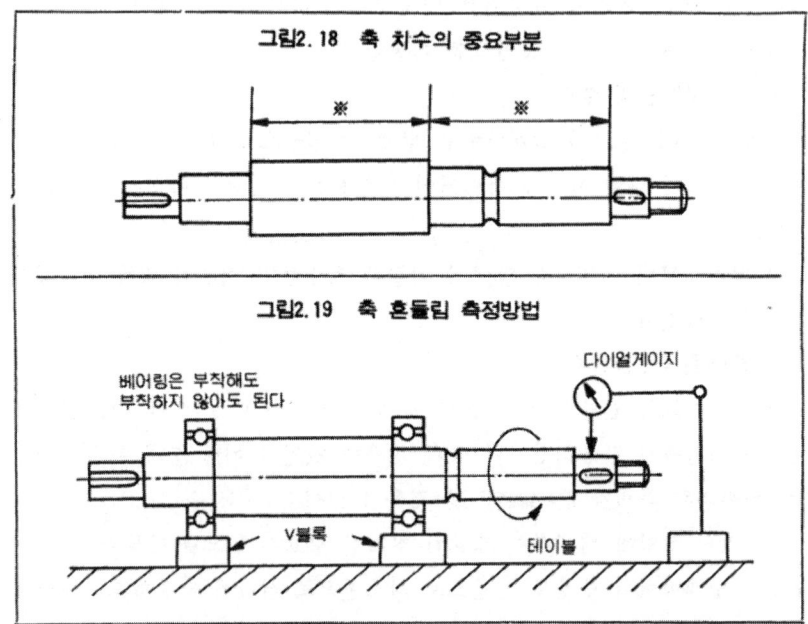

그림2.18 축 치수의 중요부분

그림2.19 축 흔들림 측정방법

고온유 펌프등의 경우는 《기계요소 작업집》 "17. 그랜드 패킹"의 항에서 기술한대로 금속선이 들어간 브레이드 패킹을 쓰지만 축의 마모도 당연히 그만큼 심해지므로 일반적으로는 황동 슬리이브가 부착 돼 있는 것이다.

또 열처리경화나 경질 크롬도금등도 마모방지의 조치로서 효과가 있는 것이다.

축 흔들림 허용범위는 그림 2.19와 같이 베어링부착부를 기준으로서 날개 바퀴 부착부에서 0.05mm이내를 목표로 한다.

(4) 베어링 마모와 수리

펌프의 구조단면도를 봐도 알 수 있는 바와 같이 날개바퀴부분은 베어링부보다 길게 돌출돼 있으며 베어링이 마모되면 그 마모량의 거의 3배는 진동회전을 할 가능성이 있어서 웨어링 마모를 촉진하게 된다.

또 그랜드 패킹 마모도 심해지므로 조속히 베어링을 바꾸는 것이 좋다.

2. 원심 펌프의 보전

교체시의 주의사항은 《기계요소 작업집》"8. 베어링 조립의 웃점"을 참고 하기 바란다.

(5) 커플링 슬리이브의 마모와 교환

일반적으로 펌프는 전동기와 커플링에 의해 직결 돼 있는 것이 보통이다. 펌프 축이 스러스트를 받아 베어링이 마모되어 축 방향으로 약간 이동하므로 이것도 《기계요소 작접집》에서 기술한대로 이 부분에는 휨형플랜지 커플링이 쓰인다.

이것의 고무 또는 가죽 슬리이브가 마모되므로 일상점검에 의해 마모를 발견했으면 곧 바꾸는 것이 좋다.

9 조립의 포인트

① 조립상의 급소는 수리의 항에서 기술한 포인트가 바로 그것과 꼭 같은 것이다.

즉 날개바퀴와 케이싱의 관계위치, 웨어링과 날개바퀴의 틈새의 문제등이다.

이것들은 조립을 진행해가는 단계에서 하나하나 체크해두지 않으면 안된다.

② 날개바퀴나 그의 너트와, 축의 녹이 나서 고착을 방지하는 것도 다음 번의 분해를 쉽게하기 위해 중요한 웃점이 된다.

이것도 《기계요소 작업집》 "보울트 너트의 고착방지"에서 기술한 방법이나 혹은 그라파이트를 그리이스로 반죽한 것을 충분히 도포해서 조립하는등 고착방지방법을 도모한다.

날개바퀴 단면에 빼내기 나사구멍이 없을 경우는 8~10mm 정도의 나사구멍을 가공해두면 편리하다. 기타 너트의 풀림방지도 잊지못할 포인트의 하나이다.

3. 터어빈 펌프의 분해와 조립의 포인트

전항에서는 원심펌프에 대해 기술했으나 또 하나의 원심펌프로서 날개바퀴의 바깥측에 안내날개(가이드 베인)을 구비한 터어빈(디퓨저) 펌프가 있다.
이것은 주로 다단식 구조이며 고양정에 쓰이고 있다.
원심펌프에서도 다단으로 하여 고양정인 것도 있으나 종래로 부터 공작, 조립조정이 간단하고 성능이 안정된 다단 터어빈 펌프가 많이 쓰이고 있다.
여기서는 원심펌프와 비교하면서 취급, 보전상의 웃점을 종합해 보기로 한다.

1 펌프 성능과 취급상의 웃점

약간 전문적이 되지만 그림2.20의 표에 있는 두가지의 펌프 특성곡선을 비교하면서 개개의 성능이나 특징을 기술하기로 한다.
① 터어빈 펌프는 양정곡선의 도중에 최고점을 갖는 경향이 있다. 이 최

그림2.20 터어빈 펌프와 원심 펌프의 특성비교 곡선

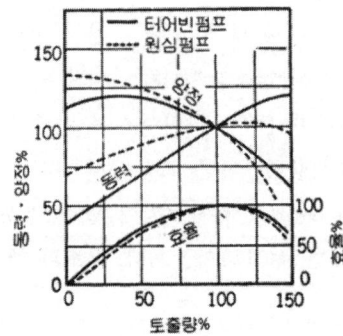

3. 터어빈 펌프의 분해와 조립의 포인트

고점을 마감양정이라고도 하며 토출 밸브를 꽈 최고 운전했을 때 또는 토출구를 최고점부근에 설치했을 때의 상태이다.

그 경우 동력부하나 펌프효율은 50~60% 정도이고, 토출량은 50% 이하일 뿐이다.

② 토출량을 순차적으로 증가함과 동시에 동력부하는 급증되고 정격(定格) 토출량(100%)을 넘어도 여전히 동력은 증가된다.

그것은 양정, 동력, 효율의 밸런스 범위가 어느정도 좁은 것을 의미하고 있으며 그 때문에 전동기 출력에는 어느 정도 여유를 두지 않으면 사용조건에 따라서는 과부하 때문에 전동기가 발열, 소손되는 결과를 초래할 염려가 있다.

③ 한편 원심펌프에서는 마감양정이 정격보다 어느정도 높은 곳에 있으나 축 동력은 양정의 변화나 토출량의 증감에 크게 영향을 받지 않는 특성을 갖고 있다.

기타 고양정이라고 하는 것은 흡입에서 토출까지의 높이나 저항등이 크다는 것을 의미하고, 관내의 마찰에 의한 손실은 연월의 경과와 함께 녹, 스케일이나 이물의 부착등에 의해 증대되며 소경(小徑) 관일수록 큰 영향을 받는다.

예컨대 200mm 경의 철관은 10~15년 경과하면 1.5~2.5배로 손실저항이 증대된다고 하며 알지못하는 사이에 양정이 증대 돼 있는 결과가 되어 이것이 트러블의 원인이 된다.

2 분해정비의 포인트

2-1 축방향 스러스트 힘과 그의 처리

원심펌프이건 터어빈이건간에 단단(單段) 다단(多段)의 구조의 결정적인 다름을 충분히 이해하고 있지 않으면 분해정리할 수 없다.

편흡입(片吸入)의 날개바퀴는 흡입측으로 향하는 축 스러스트가 있다. 단단의 경우 통상은 볼베어링이면 충분히 받아지지만 단수가 많아지면 스러스트 힘은 누적되어 이것을 흡수하는 것이 필요해진다.

펌프의 보전작업

그 때문에 전단(全段)의 반수씩의 날개바퀴를 서로 마주보게끔 한 셀프밸런스식도 있으나 구조, 공작이 복잡해서 그다지 쓰이지 않는다.

일반적으로 날개바퀴는 동일방향으로 조립되고, 단수나 압력이 낮을 경우에는 베어링부에 스러스트 베어링을 넣는 방법이 있으나 대다수는 그림 2.21과같이 밸런스디스크(또는 밸런스 피스톤 및 그것들의 연성형(連成形) 등을 구비하여 펌프내에 발생하는 수압으로 균형을 잡게 돼 있다.

그 기구는 중간실에 고압수(토출압에 해당하는 것)가 충만되어 이것이 디스크의 틈새를 지나 균형실로 유입되고 또한 도통관(導通管)에 의해 흡입측으로 되 돌려지게 돼 있다.

이와같이 약간의 틈새호름에 의해 축방향 스러스트는 자동적으로 밸런스를 잡는 것이다.

이 부분이 양호하게 조립되지 못했기 때문에 날개바퀴와 케이싱이 접촉돼서 치명적인 고장을 일으키는 케이스는 터버빈 펌프의 경우 어느 정도 많다고 본다.

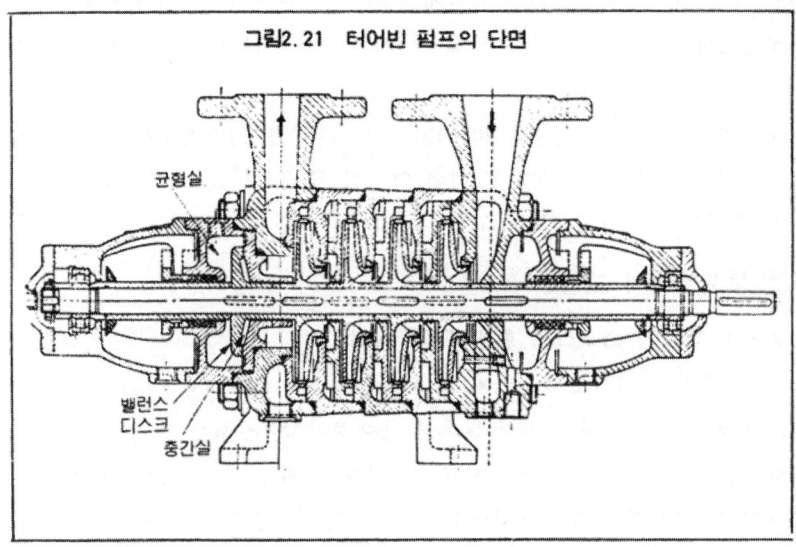

그림2.21 터어빈 펌프의 단면

3. 터어빈 펌프의 분해와 조립의 포이트

2 - 2 분해의 순서

① 우선 분해하기 전에 메이커의 취급설명서등에 의해 구조단면을 확인한다.

펌프를 구입했을 때 취급설명서가 반드시 첨부 돼 있으나 의외로 보전부문의 손에 넘어가 없을때가 있다. 일상시의 약간의 부주의가 정확한 보전작업에 영향을 미칠수도 있다.

② 또 하나 분해전의 체크 사항으로서 펌프 커플링을 손으로 돌려 축 방향으로 이동시켜 유극(遊隙)량을 확인해둔다.

이것은 조립시 중요한 참고가 된다. 즉 축은 모우터측에 대해서는 밸런스 디스크가 접촉된 곳이 한도이며 또 그 반대측에로는 날개바퀴의 뒷면과 케이싱이 접촉된 곳이 한도가 된다. 그 한도중에서 정확한 위치는 날개바퀴 출구와 안내날개 입구의 중심이 일치된 곳이다.

신뢰할 수 있는 메이커의 펌프에서는 그림2.22의 A의 부분에 표가 붙어 있는 것도 있다.

우선 중심위치에 표가 있던지 없던지 간에 전후의 접촉위치에는

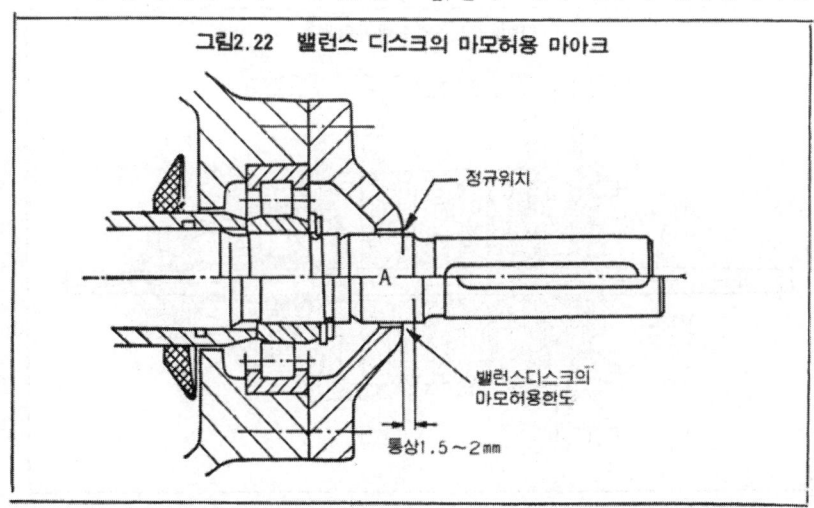

그림2.22 밸런스 디스크의 마모허용 마아크

축에 바늘 등으로 홈을 내둔다.

③ 분해는 밸런스 디스크측에서 부터 하지 않으면 안된다. 밸런스 디스크는 당연히 고압측(토출측)에 있고 흡입측, 토출측은 펌프를 보면 알 수 있다. 그것은 또 일반적으로 반(反)축이음측에 돼 있는 것이 보통이다.

베어링 캡, 베어링 너트, 베어링 하우징, 스타핑 벅스와같이 순차적으로 분해를 진행한다.

④ ③까지 분해를 했으면 그림2:23과같이 밸런스 디스크의 뒷면이 보인다. 여기서는 빼내기 나사구멍이 나 있으므로 축 슬리이브등을 뗴낸다음 조심스럽게 빼내기 지그를 걸고 빼낸다.

그림 2.23의 구조에서는 밸런스 시이트도 뗄 수 있게 돼 있으나 구조에 따라서는 시이트가 케이싱에 나사고정되어 그대로는 뗄 수 없는 것도 있다. 수리가 필요할시는 나중에 뗀다.

⑤ 밸런스 디스크와 시이트의 접촉면은 반드시 마모 돼 있다. 이것은 펌프를 기동했을 초기 토출압력이 정규상태에 올라가기 까지는 날개바퀴의 스러스트 힘이 크고 금속접촉이 당분간 계속되기 때문이다. 토

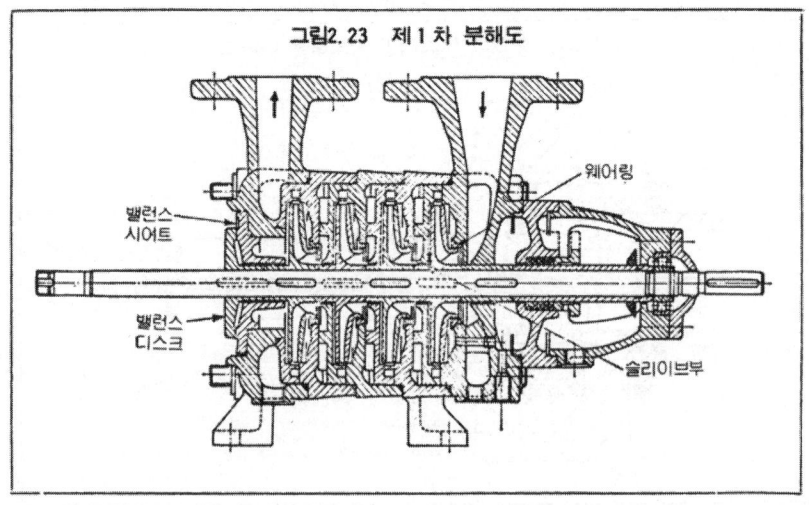

그림2.23 제1차 분해도

3. 터어빈 펌프의 분해와 조립의 포인트

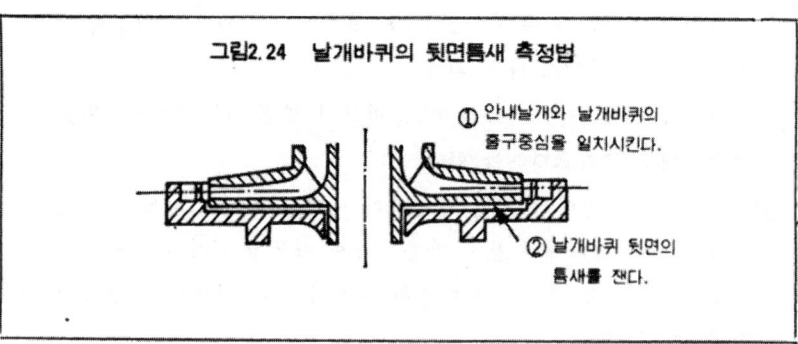

그림2.24 날개바퀴의 뒷면틈새 측정법
① 안내날개와 날개바퀴의 출구중심을 일치시킨다.
② 날개바퀴 뒷면의 틈새를 잰다.

출 압력이 정규까지 올라가면 틈새흐름에 의해 금속접촉은 해소된다. 단지 이대로는 접촉면이 얼마만큼 마모 돼·있는지는 알 수 없는 것이다.

그러므로 ②에서 기술한바와 같이 축부에 표가 있으면 그 위치에 축을 합치시켜 임시로 조립하면 그 마모량을 알 수 있다.

⑥ 축에 정규위치의 표가 없을 때는 ②에서 날개바퀴의 뒷면과 정면과의 접촉위치에 표를 했으나 거의 이 중간으로 봐도 된다.

더욱 정확히 확인하기 위해 안내날개와 날개바퀴를 메고 그림 2.24 와같이 조합해서 정규위치일 때의 뒷면 틈새를 재둔다.

⑦ 또 한번 밸런스 디스크까지 임시조립을 해서 디스크 접촉면의 마모량을 계산해도 되고 그대로 분해를 진행해도 좋으나 분해할 때는 반드시 부품번호의 표를 달아둔다.

다단펌프는 꼭 같은 부품을 써서 단수를 증가했으나 동일부품이라도 치수공차의 누적에 따라서는 조립순서가 변했으므로 생각치도 않았던 부분이 접촉, 마모될 가능성이 있다.

⑧ 터어빈 펌프중에서 또 1개소 마모되는 부분이 있다. 그것은 소용돌이 부분에서 기술한 웨어 링이다.

터어빈 펌프에서는 안내날개가 있기 때문에 날개바퀴의 원주방향으로 소용돌이 정도의 불평형은 일어나지 않는다. 따라서 보통 축 진동

— 71 —

이나 회전밸런스가 나쁘지 않는 한 접촉마모는 아니고 액중에 함유된 이물에 의한 것으로 봐도 된다.

그러나 어떤 원인이라고 해도 마모가 생겼다면 소용돌이부분에서 기술한대로 수리교체해야 한다.

⑨. 만일 축 흔들림이나 회전 밸런스가 나빠 웨어링이 마모 돼 있다면 그림 2.23에 나타낸 부분도 마찬가지로 마모될 것이다. 왜냐하면 이 부분에 주어지는 틈새는 웨어링의 부분과 거의 같던가 또는 그것보다 작기 때문이다.

축 흔들림의 검사는 그림2.25와같이 우선 축만의 흔들림을 조사한다. 다음에 그림 2.26과같이 축에 슬리이브, 날개바퀴등 모든 것을 임시조립하고 V블록 위에 올려놓고 손으로 돌려보면 알 수 있다.

축 흔들림의 허용치(許容値)로서는 임시조립 상태에서 웨어링부에 주어진 틈새치의 거의 1/2이내, 즉 최대흔들림이 0.1mm이내, 많이 흔들린다고 해도 0.2mm를 넘어서는 안된다.

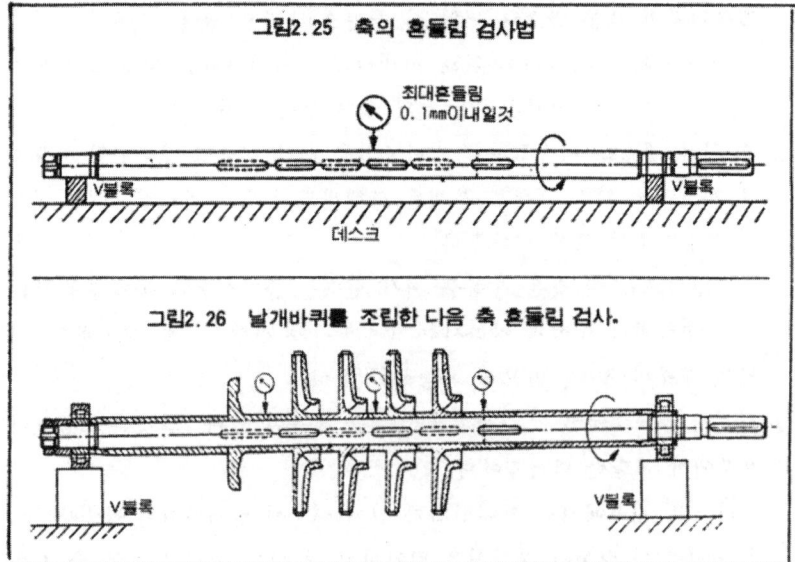

3. 터어빈 펌프의 분해와 조립의 포인트

⑩ 나축(裸軸)에 다소의 흔들림이 있다고 해도 그림2.26과같이 임시 조립을 하면 흔들림은 수습되는 것이 보통이다.

라고 하는 것은 슬리이브나 날개바퀴가 서로 접촉하는 단면은 정확히 직각으로 다듬질 돼 있으므로 그것들의 부품류를 조립함으로써 약간의 흔들림은 수정되어 일직선으로 조립되기 때문이다.

그러나 임시조립을 했기 때문에 반대로 축 흔들림이 증대됐을 경우에는 어느것인가의 부품의 단면이 직각이 아님을 의미한다. 즉 장기 쪽을 쌓올린 것과 마찬가지 이유이다.

⑪ 축 흔들림이 어느 부분에서 최대인가는 다이얼 게이지를 각부에 대서 측정하면 거의 알 수 있다.

그래서 축 너트를 약간 풀어 단면에 약간의 틈새를 만들고 시크네스 게이지로 측정하면 어느 부분이 잘못됐는가를 알 수 있다.

그러면 잘못된 부품을 떼서 줄칼로 수정한다는 것도 불가능하다고는 할 수 없다.

그러나 여기서 생각해야 할 것은 그 수정량을 어느 정도로 하느냐는 점이다.

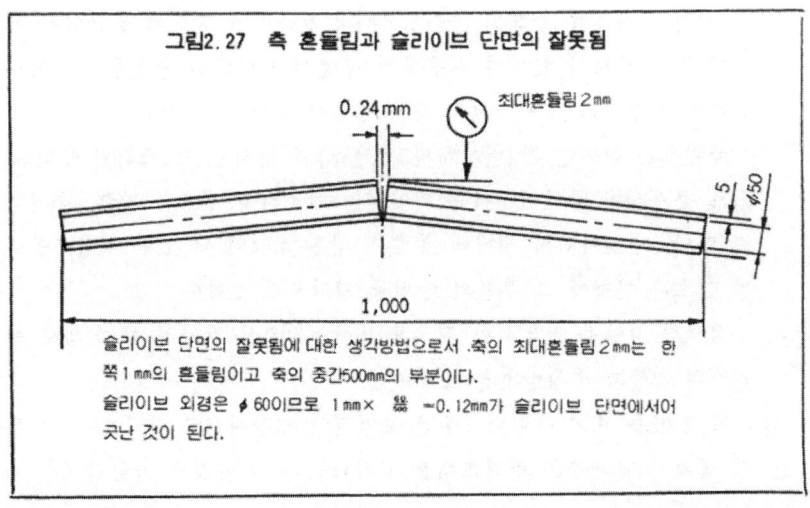

그림2.27 축 흔들림과 슬리이브 단면의 잘못됨

그림 2.27을 보면 예컨대 직경 50mm, 길이 1m 의 축에 두께 5mm 의 슬리이부를 부착하고 중심부에 2mm의 최대혼들림을 일으키케 하려면 그 슬리이브의 단면의 잘못됨은 한쪽 면이 0.12mm에 불과하다. 그러므로 신충히 해야한다.

⑫ 상기의 혼들림 수정법은 실제로는 글로 나타낼 정도로 간단하지는 않다.

좀더 확실하고 간단한 방법은 잘못된 단면을 알 수 있다면 그 부분을 선반에 걸어 확실히 중심내기를 해서 서로 접촉되는 단면을 0.5mm 씩 선반으로 깎아낸다. 그리고 깎은 부분에 1mm두께의 심을 넣고 조립하면 축 혼들림은 수정된다.

⑬ 다음에 축 혼들림은 없으나 접촉마모가 일어나고 있는 것은 회전 밸런스의 불량이다.

회전 밸런스의 불량은 축, 슬리이브등에는 없는 것으로 봐도 되며 대상이 되는 것은 날개바퀴의 밸런스로 봐도 거의 틀리지는 않는다고 본다.

날개바퀴는 주조물이고 내부까지 기계가공 할 수 없으므로 살두께가 약간씩 다르면 중심을 기준으로해서 원주부에 중량이 불균일한 개소가 생길 염려가 있어서 사용중에 부분적인 마모나 변형등이 일어나 그대로 회전시키면 원심력의 차가 진동이 되어 나타난다.

밸런스는 동적인 것 (다이너믹 밸런스)과 정적인 것 (스타틱 밸런스)으로 분류되며 메이커에서는 다이너믹 밸런서에 걸어서 검출, 수정하고 있다. 날개바퀴의 뒷면에 둥글고 얕은 구멍이 나 있는 것을 볼때가 있으나 이것이 그 부분의 중량을 경감시킨 것이다.

상세한 방법은 전문적이 되므로 보전현장에서 간단히 할 수 있는 밸런스의 검출과 수정방법을 소개한다.

⑭ 그림 2.28을 보기 바란다. 우선 보전작업 현장에서의 바닥면이 튼튼한 곳에 그램과같은 밸런스대를 설치해둔다. 이것은 가능한 한 바

3. 터어빈 펌프의 분해와 조립의 포인트

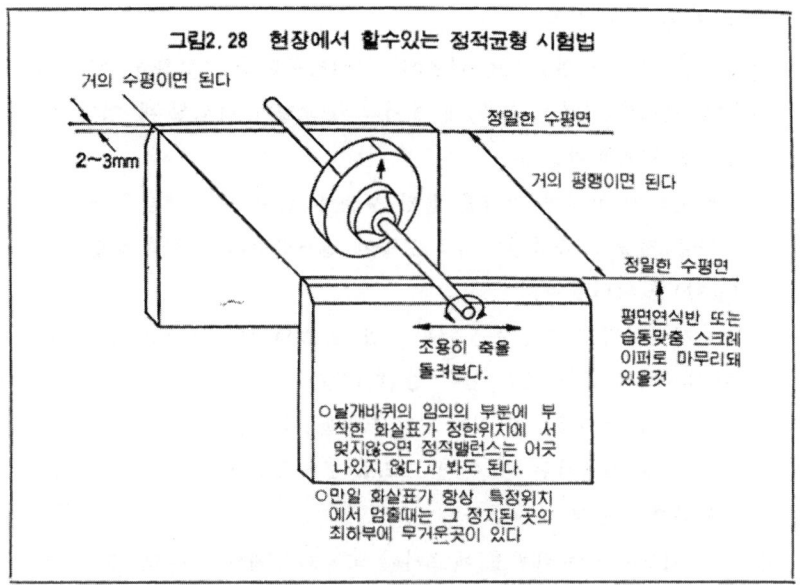

그림2.28 현장에서 할수있는 정적균형 시험법

닥면에 콘크리이트를 매입(埋入)해둔다.

이 장치는 펌프의 날개바퀴뿐만 아니라 이 대 위에 올려놓을 수 있는 것은 무엇이든가 스타틱 밸런스를 검출할 수 있고 이것으로 밸런스를 수정하면 거의 모두 다이너믹 밸런서를 쓰지 않아도 된다.

날개바퀴는 한장씩 가능한 한 정확히 만들어진 검사용의 축에 부착해서 그림과같이 밸런스 대에 올려놓는다. 이 때 키이 홈부에는 해당중량의 것을 첨가하는 것을 잊어서는 안된다.

우선 검사축이 대 위에서 굴러 떨어지지 않을 정도로 약간 굴려본다. 곧 정지되므로 그 때의 날개바퀴 최상부에 쵸오크로 화살표를 해둔다.

다음에 또 한번 반대방향으로 굴려본다. 이 것을 몇번 반복해서 화살표가 특정한 위치에서 멈추지 않는다면 그 날개바퀴에는 중량적인 불균형은 없다고 볼 수 있다.

반대로 화살표가 특정한 위치에서 멈추면 그 밑의 축에 무거운 부분이 있는 것이다.

⑮ 무거운 부분을 알았으면 다음에 퍼티(창유리를 고정하는 것)의 적당량을 반대측(가벼운 부분)에 붙이고 불균형이 해소될 때 까지 밸런스 검사를 반복한다.

밸런스가 잡히면 퍼티를 붙인 부분에 표를 하고 퍼티를 떼내고 그 무게를 저울로 측정한다. 그 중량이 날개바퀴의 불균형 중량과 위치 (방향)를 나타낸다.

날개바퀴의 단면현상은 거의 그림 2.29와 같이 돼 있으나 될수있는 한 살두께가 있는 곳(그림의 망(網)부분)을 양초로 연마한 드릴로 구멍을 내서 퍼티중량에 해당하는 무게를 깎아낸다.

그 경우 한번에는 할 수 없으므로 몇번으로 나누어 밸런스 검사를 반복하면서 신중히 시행한다.

⑯ 이상 펌프의 날개바퀴를 예로하여 고속회전체의 스타틱 밸런스의 검사방법과 수정 기술을 소개했다. 이와같은 기술은 의외로 알려지지 않았으나 간단하고 정도(精度)가 좋은 방법이다.

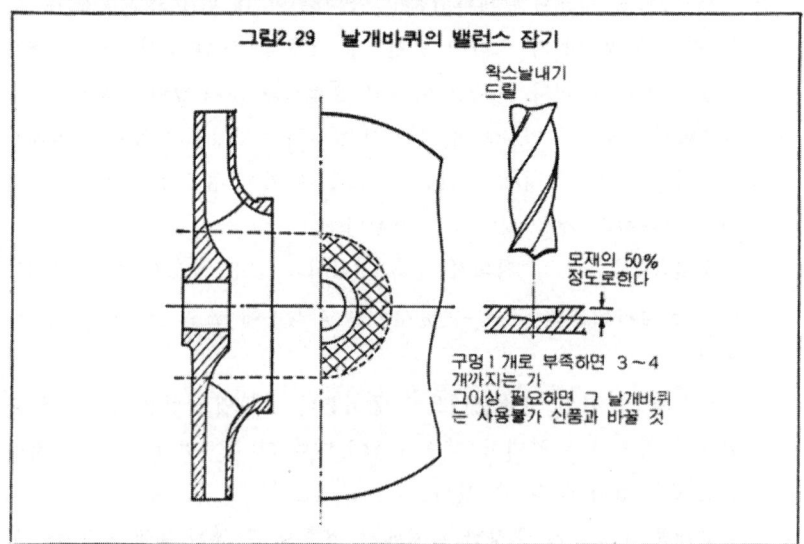

그림2.29 날개바퀴의 밸런스 잡기

3. 터어빈 펌프의 분해와 조립의 포인트

또한 구입후 1년 이내라면 메이커를 불러서 크레임 처리하는 것이 좋다. 또 어느정도 연수가 지났거나 사용상의 문제가 있다면 다른 물품을 구입해야 한다.

⑰ 다음은 밸런스 디스크의 수정이다. 디스크와 시이트의 마모면은 선반으로 최소한도로 깎아 면의 거칠어움을 수정한다.

분해와 반대의 순서로 축 이음편으로 부터 신중히 조립해서 ②, ⑤ 에서 기술한바와 같이 날개바퀴의 정규위치를 확인하고 디스크와 시이트가 접촉하게끔 그림2.30의 부분을 선반으로 깎아낸다. 그리고 깎아 낸 치수에 해당하는 슬리이브를 새로이 만들어 디스크의 뒷면에 부착하고 이후 순차적으로 조립하면 된다.

이것으로 축이나 날개바퀴는 정규의 위치를 유지하고 디스크와 시이트는 마모량이 수정되어 수정량만큼 이동된 것이 된다.

⑱ 분해시 축에 슬리이브나 날개바퀴가 고착 돼 있어서 이것을 빼는데 고생한 경험은 없는지

조립에 있어서 주의해야 할 점으로서 다시금 이 고생을 하지 않게끔 확실한 고착방법을 해둔다. 《기계요소 작업집》"보울트 너트의 고작

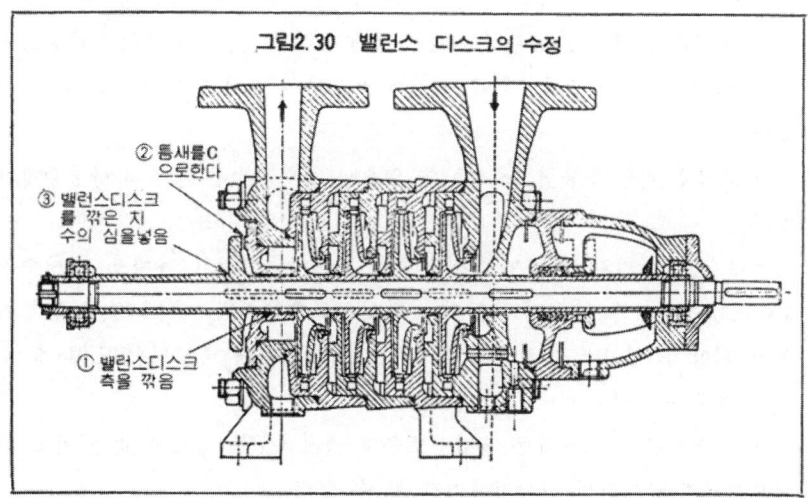

그림2.30 밸런스 디스크의 수정

② 틈새를 C 으로한다
③ 밸런스디스크를 깎은 치수의 심을넣음
① 밸런스디스크 측을 깎음

방지"에서 강조한바와 같이 적색 페인트나 그라파이트(흑연)를 충분히 칠한다음 조립한다는 것을 한시라도 잊어서는 안될 것으로 생각한다.

⑲ 지금까지 많은 지면에 기술한 것이 이해가 됐다면 기타의 점에 대해서는 일반적인 기계조립상의 급소를 분별해서 진행해 간다면 독자 여러분이 충분히 해 나갈 것으로 보는 바이다.

4. 왕복동 펌프의 취급과 정비의 욧점

1 왕복동형의 구조와 성능

왕복동 펌프라고 한다면 피스톤형 또는 플런져형을 말하며 용적형을 대표하는 것의 하나이다. 여기서는 피스톤이나 플런져를 크랭크등에 의해 왕복운동시키는 것을 대상으로 한다.

펌프의 분류에서도 기술했으나 일반적으로 용적형 펌프에서는 토출측의 슬루우스 밸브를 닫은대로 운전할 수는 없다. 이와같은 경우나 혹은 토출계가 막히거나 했으면 과부하 때문에 구동계의 소손, 펌프의 파손등을 초래하므로 펌프의 출구부근에는 안전 밸브나 릴리이프 밸브가 설치 돼 있다.

또 피스톤식은 복동형으로 할 수 있으나 플런져식은 당연히 단동형에한한다.

2련(連), 4련의 것도 만들어져 있으나 캐비테이션의 관계상 회전수는 100~200회전으로 억제되고 있다. 또한 토출압력의 맥동(脈動)은 기능상 피할 수 없으므로 토출계의 일부에 공기실이나 축압기(蓄圧器)를 설치할 경우가 있다.

또 기본으로서 펌프에는 흡입, 토출의 밸브기구를 필요로 하는 것도 터어보형과의 근본적인 상이점이라고 할 수 있다.

.... 4. 왕복동 펌프의 취급과 정비의 요점

플런져 펌프에서는 압력은 통상 50~100kg/cm² 가 많고, 수 100kg/cm² 를 넘는 것도 적지 않다.

토출량은 회전수의 관계상 수100ℓ/m까지이며 유수압(油水圧) 프레스용 으로서 많이 쓰이고 있다. 또 피스톤식에서는 저압 보일러 급수용이나 온천 펌프, 식품용등에도 쓰인다.

2 분해 정비의 급소

2 - 1 아마존 패킹의 교체

플런져 펌프에서는 필요 없으나 물용 피스톤에는 아마존 패킹이나 가죽, 고무등의 L패킹이 쓰인다.

L패킹의 선정이나 취급에 대해서는 《기계요소 작업집》의 립 패킹의 항을 참조한다.

또 아마존 패킹에 대해서도 그랜드 패킹의 항에서 기술했으므로 참고로 해주었으면 하고 생각하지만 여기서는 교체상의 주의점에 대해 종합하기로

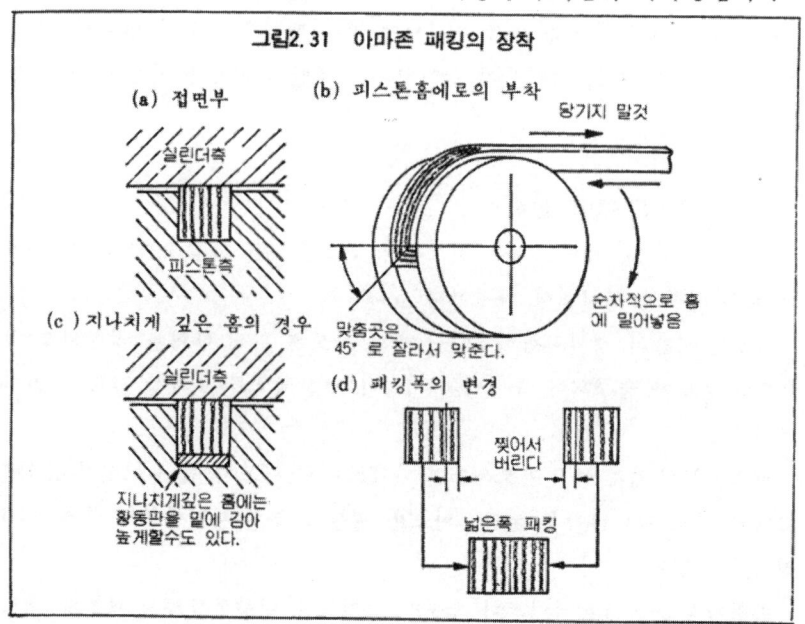

그림2.31 아마존 패킹의 장착

한다.

아마존 패킹의 접면부는 그림2.31(a)와같이 장착해야 한다.

부착에 있어서는 실린더 내경과 피스톤 링 홈저경(底徑), 홈폭을 측정해서 패킹 사이즈를 결정하여야 하지만 이 패킹은 인치 사이즈이고(6.4mm 에서 1.6mm를 뛰고 25.4mm까지), 단면은 정방형이라고 하는 것을 알아 두어야 한다.

패킹 폭은(b)의 요령으로 피스톤 홈에로 쉽게 밀어 넣을 수 있을 정도가 적당하다고 생각한다. 또 높이는 (실린더 내경 - 피스톤 홈저경) $\times \frac{1}{2}$ 에 대해 +0.5mm, -0정도를 가늠으로 한다.

홈 폭에 대해서는 패킹 폭이 헐겁던가 혹은 지나치게 강할 때는 (b)와 같이 패킹을 2개로 쪼갠 것을 맞추어 적당한 사이즈로 해서 밀어 넣는다.

높이가 부족할 경우에는 (c)와같이 황동판을 테이프 모양으로 절단한 것을 깔고 부족분을 보충한다.

단 (c), (b)의 양쪽을 써서 부당하게 작은 패킹으로 임시 변통을 하면 된다는 것은 아니다. 폭이든가 높이의 한쪽에만 이와같은 방법을 쓸 수 있는 것이다.

2 - 2 피스톤 링의 교체

증기용 피스톤, 내연기관용 피스톤의 피스톤 링은 그림 2.32와같이 주철제 링의 일부를 절단해서 만들어져 있다.

이것은 시간의 경과와함께 고온상태와 마모에 의해 탄력을 상실하고 맞춤부의 틈새가 증대되어 누설방지 기능이 저하되므로 교체할 필요가 있다고 본다.

피스톤의 링 홈측 면도 마모되지만 단(段)이 난 마모나 큰 늘어짐이 없으면 그다지 염려하지 않아도 된다. 피스톤 링부의 누설은 맞춤부의 틈새가 결정적인 요인이 된다.

자동차용등은 표준사이즈나 오우버 사이즈를 대량생산하기 때문에 구입

4. 왕복동 펌프의 취급과 정비의 요점

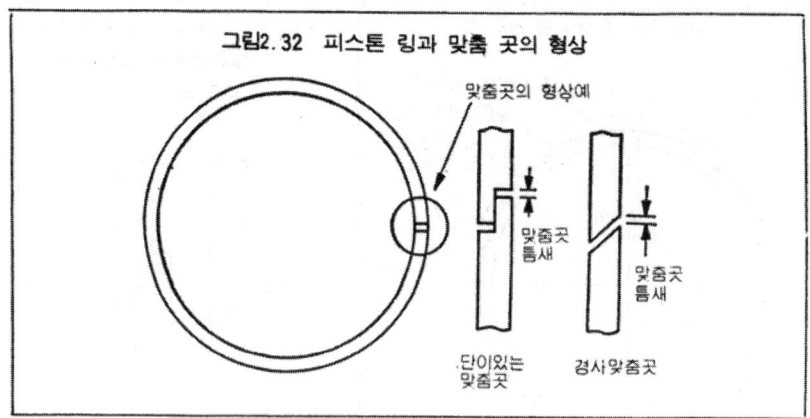

그림2.32 피스톤 링과 맞춤 곳의 형상

해서 그대로 교체해도 되게끔 가공 돼 있으나 워싱톤 펌프용 등은 유저가 지정하는 사이즈로 제작하므로 교체시에는 신중히 습동(摺動)맞춤을 해야 한다.

그러면 습동맞춤의 방법을 중심으로 교체의 포인트에 대해 기술하기로 한다.

피스톤 링을 구입할 때는 실린더 내경, 피스톤 외경, 홈 폭, 홈저경, 기계의 종류등을 명확히 써서 메이커에 주문하면 재질, 치수와 적절한 여분을 둔 것을 만들어준다.

새로운 피스톤 링은 피스톤에 장착하기 전에 우선 링만을 실린더 속에 밀어 넣어본다. 실린더 속에 적색 페인트를 바르고 링 외경과 닿는 곳을 체크해 봐야 한다.

피스톤 링은 원래 실린더 내경보다 크게 만들어진 것을 소위 작게 해서 쓰는 것이므로 습동맞춤을 하지 않고서는 실린더 내경에 완전히 맞지 않는다.

그림 2.33은 약간 팽창해서 썼으나 맞춤부가 버티므로 다른 부분에 틈새가 생긴다. 그러므로 맞춤부 부근의 외면을 줄칼로 깎아서 습동맞춤을 한다.

그러나 습동맞춤 후의 접합구 틈새는 예컨대 직경 200mm ∅에서 1 mm 이

— 81 —

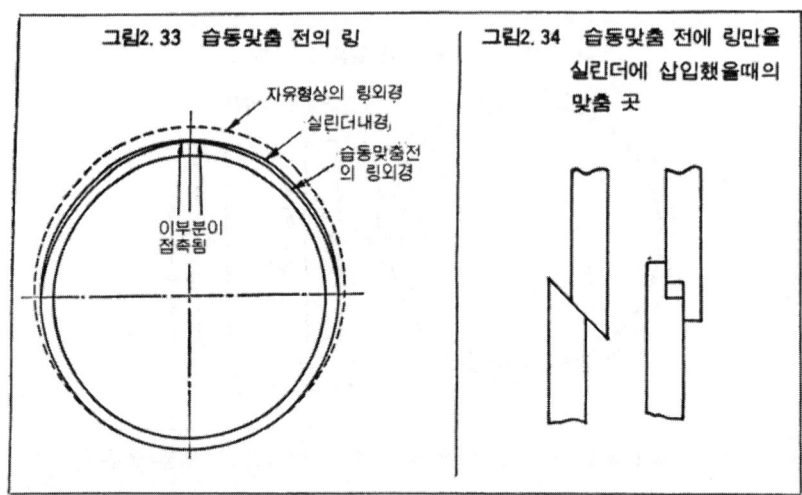

그림2.33 습동맞춤 전의 링

그림2.34 습동맞춤 전에 링만을 실린더에 삽입했을때의 맞춤 곳

하이어야 한다.

따라서 습동맞춤 전에 실린더에 링을 넣었을 때 맞춤곳은 그림 2.34와같 은 상태로 돼 있다는 것은 상상된다고 본다. 처음부터 맞춤곳이 잘 맞는다 면 그 피스톤 링은 치수적으로 불량품이다.

2-3 흡입, 토출 밸브의 정비

왕복동형 펌프에서는 흡입, 토출밸브가 필요하다고 했다. 고압으로 될 수록 이 밸브의 양부가 펌프 성능에 큰 영향을 미친다.

또 이것들의 밸브는 왕봉동시 마다 작동하므로 밸브의 닿는 곳이 마모된 다. 닿는 곳은 단이 있는 마모를 하므로 이것도 선반으로 깎아서 고치고 습동맞춤을 하는 것이지만 여기서는 그 비결을 종합한다.

(1) 밸브 좌(座)(시이트)의 형상과 특징

우선 밸브 좌의 대표적인 것으로서 그림 2.35(a)의 평면좌형과 (b) 원추 좌형이 있고 기타 특수한 것으로서 구면좌형이 있다.

평면 밸브좌에 비해 원추 밸브좌 편이 유체저항이 20~30%는 적다고 한 다. 구면좌는 걸리는 곳이 적으므로 슬러리등을 함유한 액등에 쓰이고 있

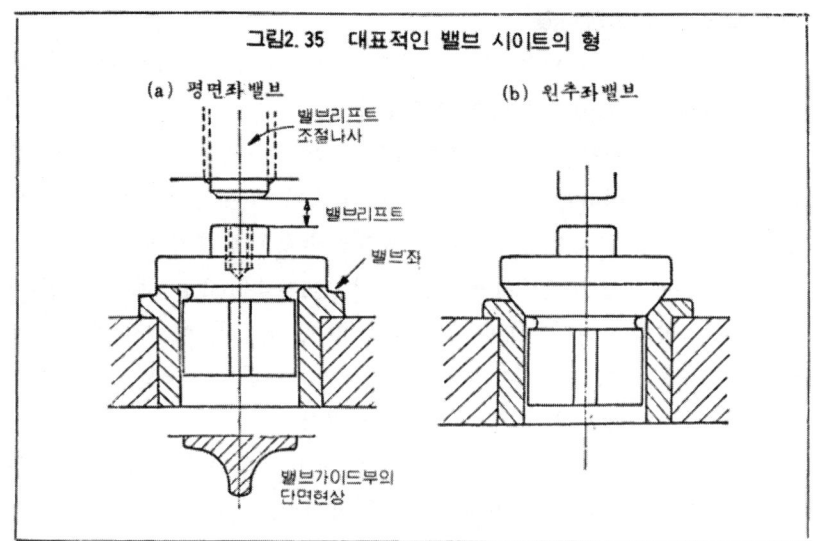

그림2.35 대표적인 밸브 시이트의 형

다.

어느 밸브도 가이드가되는 부분이 있고 닫을 때 확실히 들어가게끔 배려 돼 있으며 이 부분도 밸브좌만큼은 못하다 하더라도 마모되므로 밸브좌를 수정할때는 여기도 수리의 요부를 체크한다.

(2) 밸브의 작동과 리프트의 조정

밸브는 자중(自重)또는 스프링으로 자동적으로 닫게 돼 있는 것이 많으며 흡입측은 저항을 적게하기 위해 약한 스프링을, 토출측은 작동의 늦어짐을 적게하기 위해 강한 스프링을 쓰든가 또는 자중을 크게한다.

또 흡입측의 밸브좌 구멍을 토출측 보다 크게하거나 밸브의 리프트를 크게 취하게끔 한 것도 있다.

일반적으로 흡입밸브 리프트는 유로경(流路徑)의 30~40%, 토출밸브리프트는 20~30% 정도로 조정해두면 된다.

이것은 밸브가 열렸을 때 유로의 면적이 다른 유로보다 좁으면 유체저항이 증대되고 넓게 하면 저항이 적은 대신 밸브 폐쇄의 늦음이 생겨 어느것도 펌프효율을 저하시키는 원인이 되기 때문이다.

(3) 닿는 면의 습동맞춤

밸브의 수정은 우선 닿는 면을 선반으로 깎아 고치고 다음에 미세한 카아버런덤(#150~200)으로 습동 맞춤한다.

이 습동맞춤은 단지 카이버런덤을 붙이고 돌리면 된다는 것은 아니다. 부주의하게 하면 카이버런덤의 입자에 의해 더욱더 깊은 상처가 원주 전체에 생기게 된다. 강한 힘으로 밀어대고 돌리면 돌릴수록 못쓰게 되는 것이다.

그러므로 이 요령을 설명하면 우선 그림2.36과같은 습동맞춤용의 핸들을 부착하고 가볍게 눌러 50~60° 의 범위로 몇번 돌린다. 여기서 일단 밸브좌에서 밸브를 약간 부상시켜 약 120° 돌려서 위치를 바꾼다음 또 가볍게 눌러서 50~60° 의 범위로 반복해서 몇번 돌린다.

이와같은 순서를 2~3번 반복하고 닿는 면을 보면 정확히 선삭 (旋削)됐다면 닿는 면 전면이 습동맞춤 돼 있을 것이다.

전면에 습동맞춤의 자국이 나 있다면 카아버런덤을 웨스로 닦아내고 그

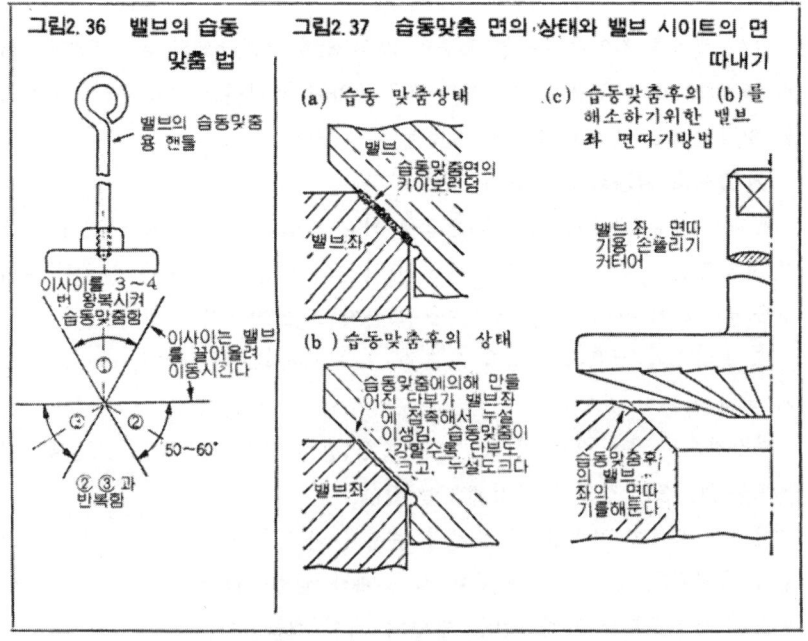

4. 왕복동 펌프의 취급과 정비의 웃점

리고 세유(洗油) 등으로 완전히 씻어 흘린다.

그리고 다음에는 습동맞춤 면에 기계유를 칠하고 카아버런덤의 경우와 같은 요령으로 습동맞춤을 한다. 이것은「기름 문지르기」라고 하지만 이것은 어느 정도 힘을 가해도 된다.

끝이 났으면 기름을 닦아본다. 카이버런덤으로 습동맞춤했을 때와는 다른 광택이 날 것이다. 그것이 전면에서 볼 수 있다면 밸브의 습동맞춤은 완벽하다고 볼 수 있다.

반복하지만 카아버런덤의 경우 강한 힘으로 돌려서는 왜 안되는가 하면 우선 그림 2.37(a)를 보기 바란다.

이 그림은 약간 팽창 돼 있으나 카아버런덤으로의 습동맞춤은 일종의 불완전한 표면절삭을 하고 있는 것으로 되지만 강하게 문지르면 문지를수록 표면을 거칠게하여 깊이 상처를 내게 하는 것이다.

그러므로 카아버런덤을 닦아내고 면을 접촉시켜 보면 (b)와같은 상태이며 습동맞춤 면은 접촉되지 않고 단이 있는 부분이 접촉되어 습동맞춤의 효과는 전혀 없는 것이 되고 누설이 생기는 것이다.

카아버린덤등으로 습동맞춤을 한다고 하는 것은 선방가공으로는 완전한 면접촉을 얻을 수 없으므로 면과 면과의 볼록부(凸部)를 현물맞춤에 의해 가볍게 깎아내는 것이라고 이해하여야 한다.

이 단이 있는 부분의 접촉을 방지하기 위해 그림 2.37(a)와같은 면 따내기 커터를 만들어두고 습동맞춤 후의 밸브 좌를 가볍게 면 따내기를 하면 습동맞춤은 완벽해진다. 또 커터가 아니라도 기름숫돌, 스크레이퍼등으로 신중히 면 따내기를 할수도 있다.

또한 밸브의 닿는 면의 폭에 대해서는 이것이 적을수록 습동맞춤은 하기 쉽고 누설도 멈추기 쉬운 것이지만 내구력(내마모)은 저하된다.

이 서로 반대의 성질 중에서 최적한 상태를 찾아내야 하지만 예컨대 필자의 경험으로는 직경 50mm ∅의 밸브에서는 2~3mm로 하면 좋을 것으로 본다.

5. 유압 펌프의 트러블 사례에서

지금까지 기술한 펌프나 핸류는 주로 유체의 수송을 목적으로 한 것이지만 여기서 기술하는 유압 펌프는 유압을 발생시켜 일을 하고자 하는 것이다. 즉 에너지의 전달을 목적으로 한 것이다.

유압장치의 구성을 모델화한 것이 그림2.38이다.

단순한 기계나 단일 기능을 가진 설비에서는 원동기와 설비를 체인과 같이 직접 연결시키면 되지만 복잡고도이고 정확한 작동을 필요로 할 경우에는 유압장치가 대단히 편리하다. 또 유압장치를 씀으로써 보다 고도로 자동화 된 성능을 갖게할 수 있게끔 됐다.

여기서는 유압 펌프에 대해 취급한다고 했으나 유압장치는 전체로서 각각 관련을 갖고 있으므로 공평하지 못하다는 걱정도 든다.

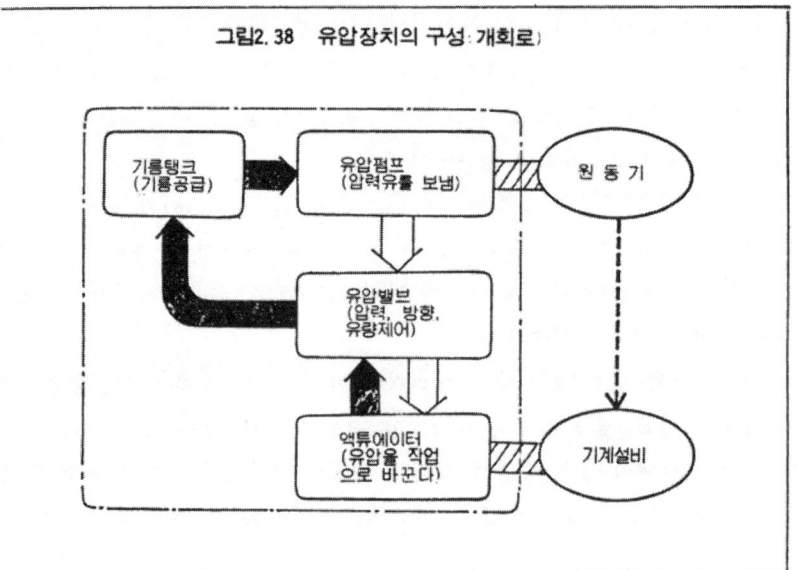

그림2.38 유압장치의 구성:개회로)

5. 유압 펌프의 트러블 사례에서

또 한마디로 유압펌프라고 해도 형식이나 구조, 기능은 다종다양하여 그 모두에 대해 기술할 수는 없으나 이것들에 대해서는 유압의 전문도서등을 참고로 하기 바란다.

그러므로 이 항에서는 일반산업기계에서 많이 쓰이고 있는 것 중 내가 유저로서 조우한 트러블 사례에서 그 원인과, 정확한 취급에 대해 종합하기로 한다.

1 기어 펌프의 구동축 절손(折損)

1-1 절손 상황과 원인

유압발생용 기어 펌프의 커플링 끼워맞춤부가 절손되었다. 이 기어 펌프는 그림 2.39에 나타낸 것 같은 가동측판형(프레서 로오딩형)이고 분해한 것을 사진 2.1에 나타낸다. 절손부는 화살표 부분이다.

문제는 이 절손의 원인이지만 다음 페이지 사진 2.2는 그 파단면을 확대한 것이다. 이 파단면에서 절손의 원인을 추구할 수 있다.

그림 2.40을 봐주기 바란다. 파단의 진행상황을 나타내는 그림이지만 키이홈의 밑의 화살표 부분에 파단의 기점이 있고 최종 파단부는 키이 홈

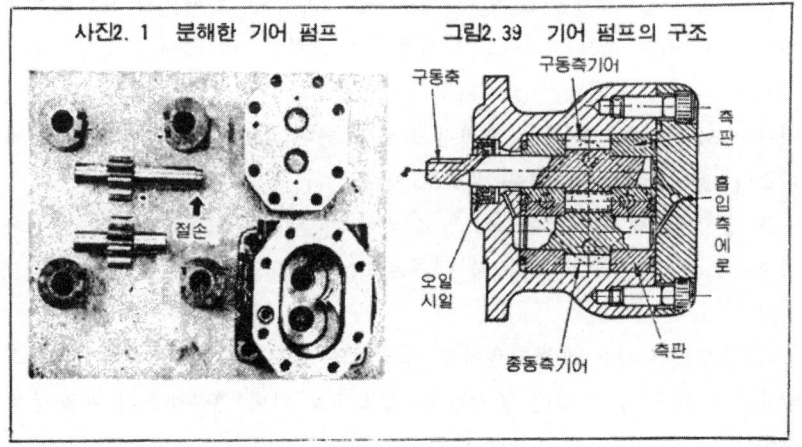

사진 2.1 분해한 기어 펌프   그림 2.39 기어 펌프의 구조

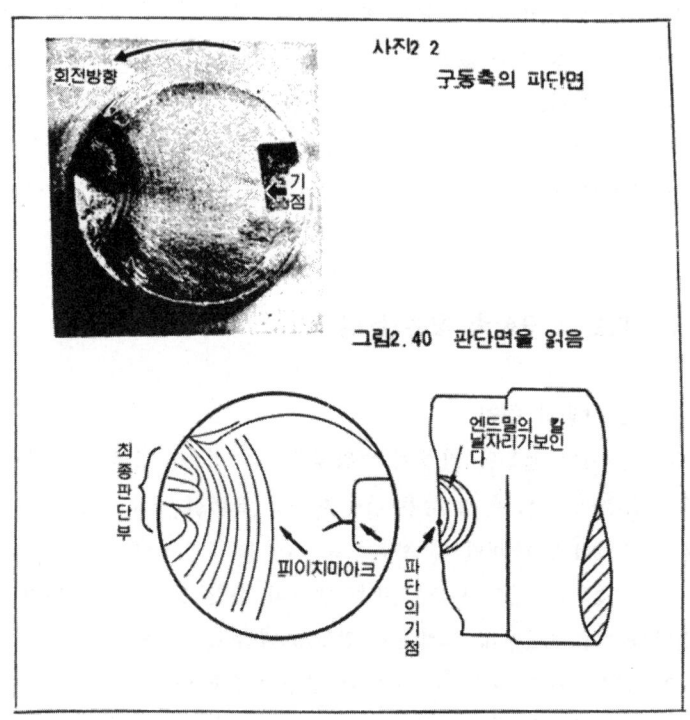

사진2 2 구동축의 파단면

그림2. 40 판단면을 읽음

의 반대측에 있다고 본다. 이 파단은 키이 홈이나 그 바닥의 엔드밀 칼날의 흔적이 소위「너치 효과」로서 작용하여 응력집중에 의해 균열이 일어나 약간씩 그것이 발전해서 심지어는 파단 됐다고 본다. 라고 하는 것은 파단면의 피이치마아크(해안 모래사장 위에 남는 파도와 같은 흔적으로 이 이름이 붙여졌다)가 그것을 말하고 있다.

또 생각방법에 따라서는 엔드밀로 키이 홈 가공후 열처리가 돼 있는 것 같으므로 키이 홈의 바닥에 헤어 크래크(미세한 균열)가 있었을런지도 모른다.

이 펌프의 설치는 플랜지형이고 전동기와 소킷으로 접속 돼 있으므로 중심이 달라 반복 굽힘은 생각할 수 없으므로 키이 홈부에로의 비틈 응력 집중이 원인이라고 해도 틀림이 없다.

▬▬▬▬▬▬▬▬▬▬▬▬▬▬▬▬▬▬▬▬▬▬▬▬▬▬▬▬▬▬▬ 5. 유압 펌프의 트레블 사례에서

축의 설계강도상 충분히 고려 됐다고 보지만 가공상의 불일치의 범위내에서 이와같은 사례가 발생한다고 보지만 현실로는 때때로 발생 하고 있는 것이다.

이 펌프는 약 2년간 사용했으므로 메이커에 크레임 처리는 하지말고 신품과 바꾸어 보전교육의 교재로서 남겨두었다.

1 - 2 기어 펌프와 기름의 「가두기 현상」

여기서 기어 펌프의 설계상의 기본적인 문제의 하나로 기름의 「가두기」가 있다. 「가두기」현상에 대해 보전상의 기본적인 고려 방법을 이하에 기술하기로 한다.

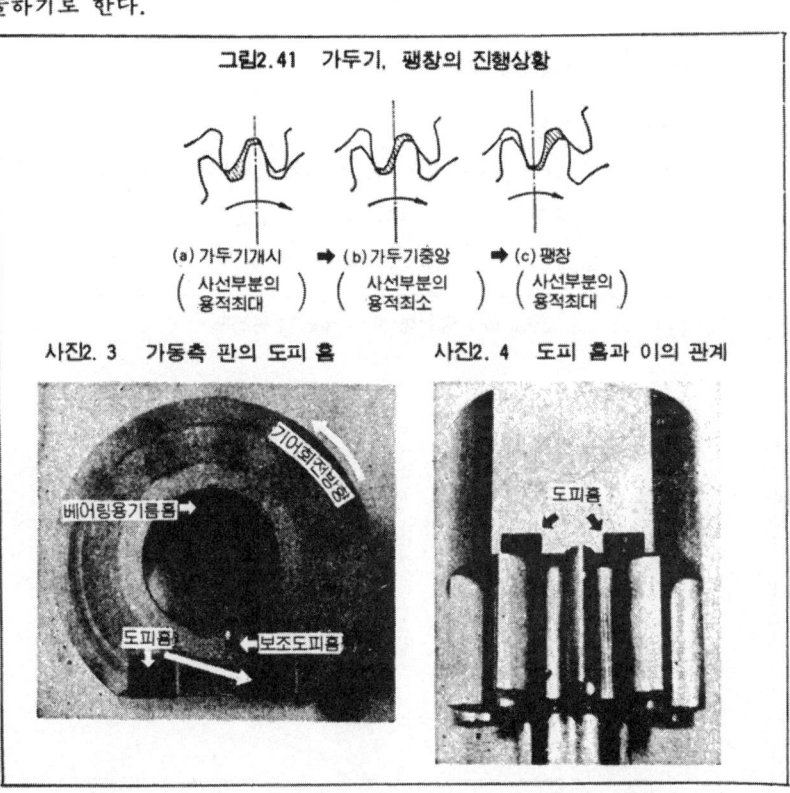

구동 기어와 종동(從動) 기어가 서로 맞물렸을 때 그림 2.41과같이 순차적으로 이가 맞물린 공간에 기름이 가두어져 압축→팽창으로 그림과 같이 변화한다. 이것을 그대로 두면 그 압력에 의해 펌프의 발열, 진동이나 베어링의 마모등이 발생한다. 그러므로 이것을 방지하기 위해 측판의 기어와의 접촉면에 사진 2.3과같이 도피 홈이 가공돼 있다.

여기서 그 가두기는 인볼류트 치형의 스퍼어 기어에 일어나는 현상이지만 시프트 기어, 헬리컬 기어, 더블 헬리컬 기어로 하면 그것을 방지할 수 있다. 또 정현 곡선(正弦曲線), 트로코이드 곡선등의 특수한 치형에 의해 해결할 수 있으나 기어는 인볼류우트 기어가 간단, 고정도의 것을 만들기 쉬우므로 특수한 것을 채용할 필요가 없다.

2 베인 펌프의 트러블 예

2 - 1 부싱의 제작불량

베인 펌프는 보통 그림 2.42와같은 평형형(平衡形)이 많이 쓰인다. 여기서 취급한 사례는 비교적 사용기간이 짧은 것이었으나 아무래도 상태가 좋지 않아 쓸 수 없다고 하는 것을 분해해서 여러가지로 조정한 것이며 사

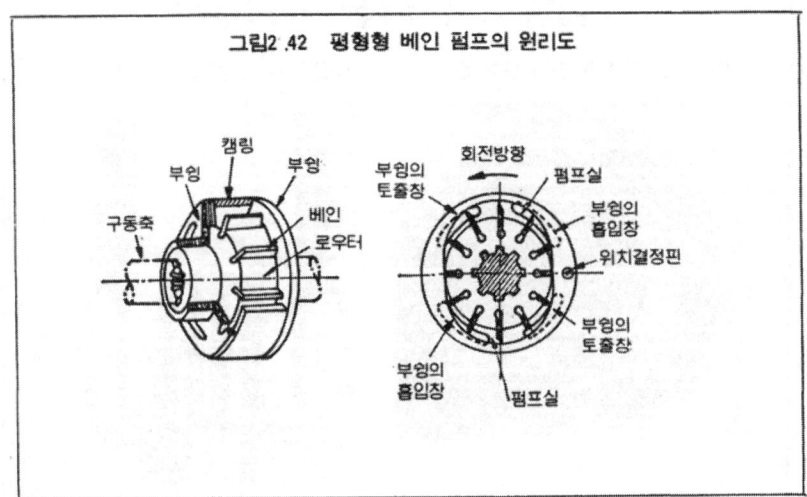

그림 2.42 평형형 베인 펌프의 원리도

5. 유압 펌프의 트레블 사례에서

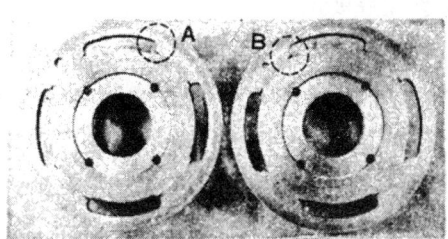

사진2. 5 부싱의 측면

사진2. 6 A부의 확대 (표면의 줄무늬모양은 바이트흔적이며 랩다듬질하지 않은것 같다.)

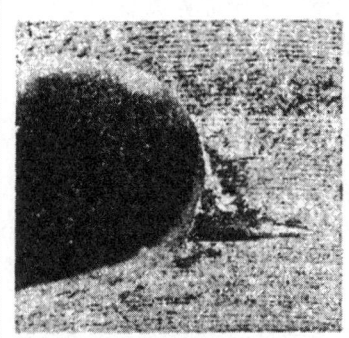

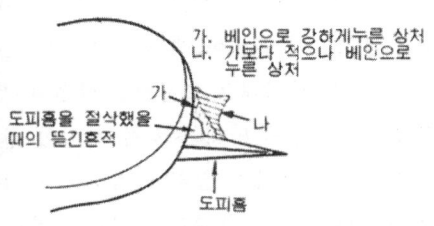

그림2. 43 좌편 사진의 고찰

가. 베인으로 강하게누른 상처
나. 가보다 적으나 베인으로 누른 상처

도피홈을 절삭했을 때의 뜯긴흔적

도피홈

사진2. 7 B부의 확대

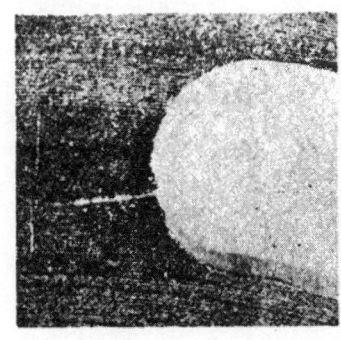

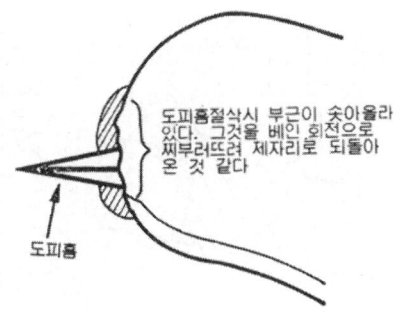

그림2. 44 좌편 사진의 고찰

도피홈절삭시 부근이 솟아올라 있다. 그것을 베인 회전으로 찌부러뜨려 제자리로 되돌아 온 것 같다

도피홈

— 91 —

진 2.5의 부쉬에 트러블의 원인을 알아냈다.

각부를 확대경으로 상세하게 조사해보면 중대한 미스가 있다고 하는 것을 알 수 있다. 사진 2.6과 그 해설 그림2.43및 사진2.7과 그 해설 그림 2.44를 보면 알 수 있는바와 같이 흡입, 토출의 포오트의 도피홈의 절삭가공에 큰 미스를 볼 수 있다.

기어 펌프의 곳에서도 기술한대로 베인 펌프라도 가두기가 일어나므로 이와같은 도피 홈의 가공이 필요하다.

내가 상상하기에는 이 종류의 펌프는 양산되고 도피 홈의 가공은 그림 2.45와같은 방법으로 간단한 전용기를 만들어 가공하고 있는 것으로 본다. 바이트의 날이 불량한대로 절삭을 계속하고 있다면 무리해서 눌러 넓혀져 부풀어 올라옴이 생기는 것으로 본다.

그와같은 상태대로 조립하면 베인과 부쉬의 틈새는 통상 0.02~0.03 mm 뿐이므로 베인에 의해 눌려져 뜯김이 일어난다.

그것은 또 유압계 중에서 비교적 큰 이물로서 제어 밸브에 물려서 유압계 전체의 작동을 불량하게 한다고 본다.

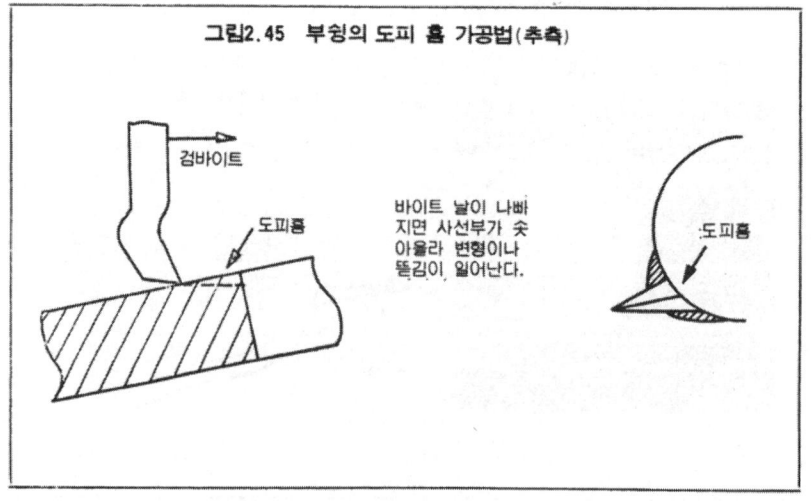

그림2.45 부쉬의 도피 홈 가공법(추측)

5. 유압 펌프의 트레블 사례에서

2-2 로우터의 측면 소착(燒着)

어떤 베인 펌프가 소착을 일으켰다. 이 베인 펌프는 그림 2.46과같이 부싱은 없고 로우터를 가요측(可撓側)판과 사이드 커버로 사이에 끼워넣은 형태이다. 분해를 해보면 사진 2.8~2.10에 나타낸대로 로우터의 측면에

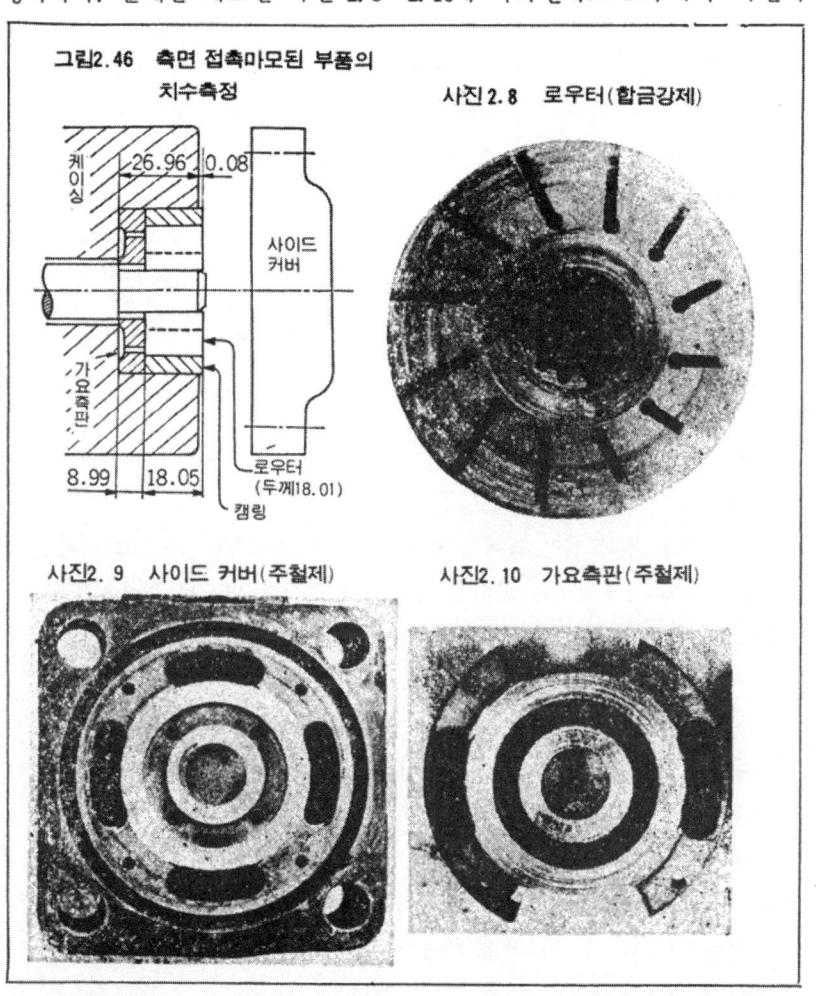

그림2.46 측면 접촉마모된 부품의 치수측정

사진2.8 로우터(합금강제)

사진2.9 사이드 커버(주철제)

사진2.10 가요측판(주철제)

접하는 부분이 심하게 소착(撓肴)돼 있다.

그러므로 그림 2.46과같이 각부의 치수를 실측해 보았더니 그 결과 이 소착의 원인을 다음과 같이 고찰해 보았다.

① 로우터의 두께 18.01에 대해 캠링 18.05는 통상의 치수차이고 이관계뿐만이라면 로우터의 측면은 한쪽측 0.02의 틈새가 되며 이것을 타당한 것이라고 볼 수 있다.

② 가요측 판의 두께는 8.99이지만 이 두께로 가요성을 갖게할 수 있느냐 없느냐는 하나의 문제라고 생각된다. 그러나 기름 구멍등을 볼때 일단 가요측 판일 것으로 판단했다.

③ 이것들의 부품을 조립해 보면 캠링의 단면은 케이싱의 단면보다 0.08이 나와 있으므로 거기서 커버를 죄면 어느정도의 비뚤어짐이 일어나 커버의 단면이 만곡(湾曲)되어 로우터와의 틈새가 커진다.

④ 그러나 그때 가요측 판의 외주부분도 마찬가지로 눌려져서 사이드 커버의 만곡이상으로 중심부는 로우터측으로 나온다는 것은 당연히 생각할 수 있다.

고찰

부품치수로 볼때 적정 틈새가 있는 것 같이 보이지만 사이드 커버를 죄는 힘에 따라 내부에서는 의외로 틈새가 감소하고 더욱더 유압으로 휨이 일어났을 때 한층 더 틈새가 감소돼서 드디어 접촉 소착 됐다고 본다.

2-3 로우터의 파손

이것은 다음 페이지 사진 2.11에서 볼 수 있는바와 같이 베인 펌프 로우터의 베인 홈의 부분에서부터 절손 된 예이다.

우선 파단면을 관찰해 본다. 사진 2.12와같이 확대해 보면 그림 2.47과 같이 파단의 기점, 최종 판단부를 거의 추정할 수 있다.

이것을 기초로 더욱 관찰을 계속하면 그림 2.47에서 가의 부분과 나의 부분의 형상이 다르다는 점을 알 수 있다.

5. 유압 펌프의 트레블 사례에서

사진2.11 파손된 로우터

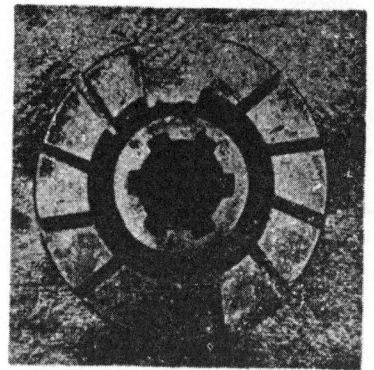

▼그림2.47 파단면의 관찰
- A부가 파단기점과 같이 생각됨
- B부가 최종파단부와 같이 생각됨
- 가와 나는 베인홈 가공의 도피부분 이지만 형상이 틀린다.

사진2.12 파단면의 확대

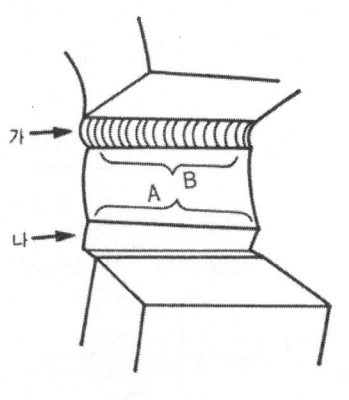

　그러므로 또 한번 베인 홈을 확대한 사진 2.13을 보았더니 홈 가공에 중대한 미스가 발견됐다.
　베인 홈과 그 도피 홈은 그림 2.48의 (a)와같이 가공하는 것이 정규 방법이지만 밑의 구멍의 위치가 잘못됐다면 (b)와같이 될 경우도 있다.
　사진 2.13에서는 이 파단 된 이외의 부분에도 잘못 된 구멍이 몇개 보인다.

펌프의 보전작업

펌프 메이커도 캠링의 형상에 대해서는 상당한 연구, 실험을 하고 있다고는 생각하지만 기타의 많은 베인 펌프와 비교해 보면 이 캠링은 독특해서 역시 이 토출구 형상에 문제가 있다고 본다.

또한 기타의 채터 마모의 원인으로서 캠링 열처리 경도(硬度)를 생각할 수 있으나 이것은 경도측정의 결과 70~75Hs이므로 문제 없다고 본다. 파워 스테어링이라고 하는 가혹한 사용방법에 적정하지 못했다고 하는 점과 그와 관련해서 압력설정 미스가 있었다고 추정된다.

③ 액셜 플런져 펌프의 트러블 예

3-1 저속시의 고르지 못한 회전

이 펌프의 작동원리는 주지하고 있는대로 그림2.50과 같이 돼 있다. 펌프축은 B와같이 실린더 블록을 정(正)에서 반대의 각도까지 연속적으로 경사시켜 밸브 판 C의 토출, 흡입 포오트를 반대로 흡입, 토출로 바꿀수가 있는 구조이다.

이것은 경사가 고정된 유압 모우터와 접속해서 정, 반대회전이 가능한

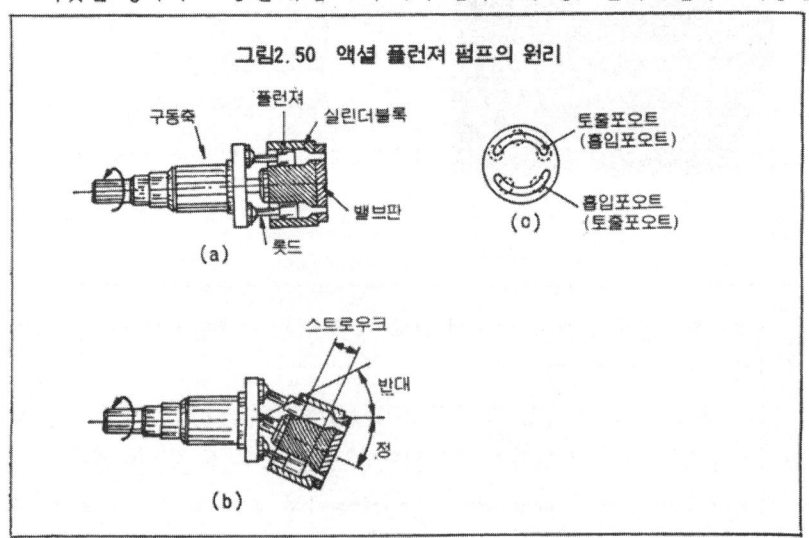

그림2.50 액셜 플런져 펌프의 원리

5. 유압 펌프의 트레블 사례에서

사진2. 14 분해상황

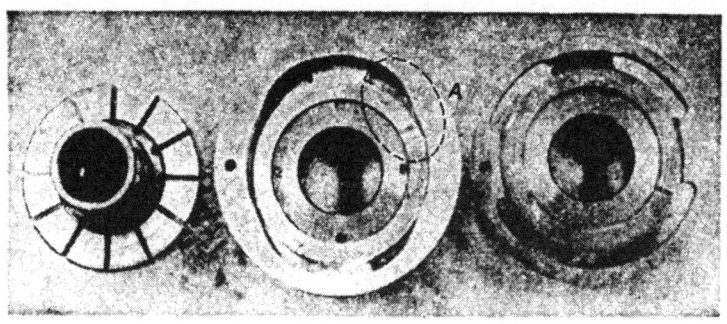

로우터　　　　구동축 부싱과　　　반구동축 부싱
　　　　　　　캠링

사진2. 15 A부 확대　　　　그림2. 49 좌측 그림의 고찰

 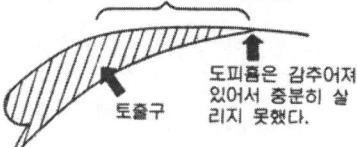

캠링내면이 베인에 의해 채터 마모됐다. 부싱면
의 홈집부분을 선반으로 갂았으나　관통구멍부
분에 되살아 남이 생겼다(화살표)

　유압회로는 펌프 구동중에는 상시 소정압력까지 상승되고 스테어링 실린더에서 소비되지 않을 경우에는 릴리이프 밸브에서 전량이 오일 탱크에로 도피되게끔 되어 가혹한 사용조건으로 돼 있다.
　이와같은 점을 생각해 본다면 이 펌프의 경우 그림 2. 49에도 있는바와 같이 토출구의 면적이 급격히 좁아져 있으므로 베인에 여분인 힘이　걸릴 것이다.

— 97 —

펌프의 보전작업

펌프 메이커도 캠링의 형상에 대해서는 상당한 연구, 실험을 하고 있다고는 생각하지만 기타의 많은 베인 펌프와 비교해 보면 이 캠링은 독특해서 역시 이 토출구 형상에 문제가 있다고 본다.

또한 기타의 채터 마모의 원인으로서 캠링 열처리 경도(硬度)를 생각할 수 있으나 이것은 경도측정의 결과 70~75Hs이므로 문제 없다고 본다. 파워 스테어링이라고 하는 가혹한 사용방법에 적정하지 못했다고 하는 점과 그와 관련해서 압력설정 미스가 있었다고 추정된다.

3 액셜 플런저 펌프의 트러블 예

3-1 저속시의 고르지 못한 회전

이 펌프의 작동원리는 주지하고 있는대로 그림2.50과 같이 돼 있다. 펌프축은 B와같이 실린더 블록을 정(正)에서 반대의 각도까지 연속적으로 경사시켜 밸브 판 C의 토출, 흡입 포오트를 반대로 흡입, 토출로 바꿀수가 있는 구조이다.

이것은 경사가 고정된 유압 모우터와 접속해서 정, 반대회전이 가능한

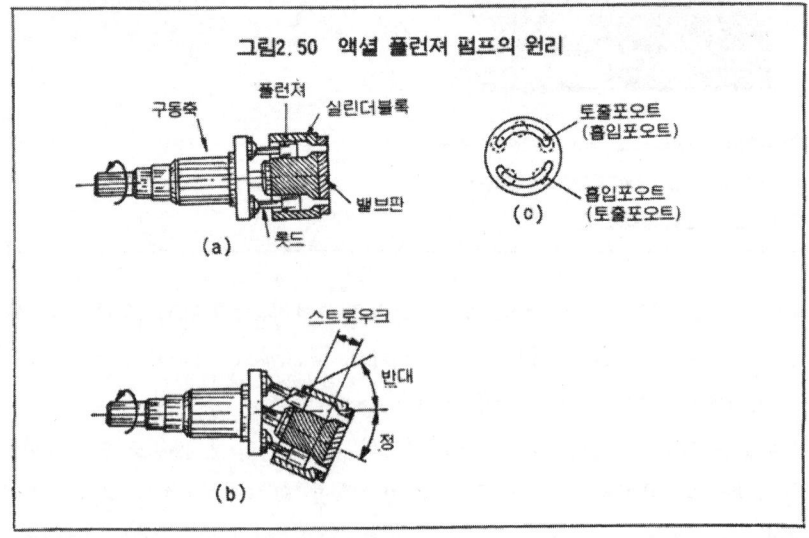

그림2.50 액셜 플런저 펌프의 원리

5. 유압 펌프의 트레블 사례에서

사진2. 16 플런져와 구동 축

사진2. 17 플런져의 확대

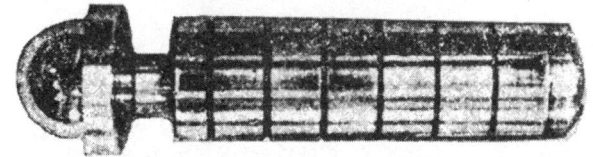

그림2. 51 플런져의 구조, 조립(일부추정)

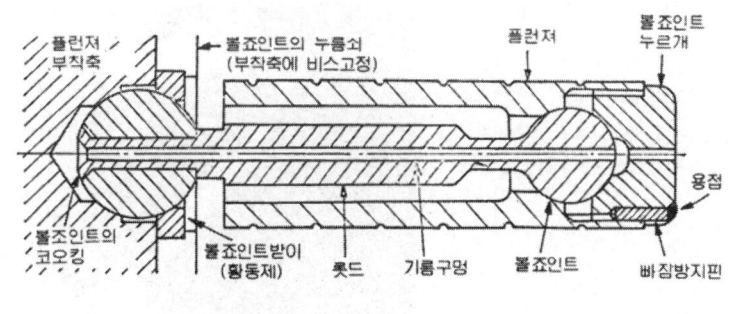

무단계 변속장치로서 쓰고 있다.
 분해하여 봤더니 사진2.16까지 분해할 수 있었다. 심장이라고 할 수 있

펌프의 보전작업

는 플런져는 사진2.17이고 이것은 대단히 작은 것이다. 이 이상 분해할 수는 없었다. 필시 그림2.51과같은 구조라고 추정된다.

이 그림에서 볼 때 볼 죠인트의 부분이 2개소 있으나 특히 플런져내의 볼 죠인트부는 마모돼도 분해불능이므로 조정도 할 수 없을 것으로 생각하는 바이다.

보통 이 종류의 펌프는 플런져의 작동방향으로 마모, 유극(遊隙)이 많아지면 저속시의 회전의 고르지 못함이 커지는 결점이 있고 보전에서는 항상 고생을 한다. 우리들 유저의 체험상 가장 보전성이 좋은 구조일 것을 바라고 있는 바이다.

3-2 플런져 볼 죠인트부 제작 미스

사진2.18을 보면 이것은 플런져를 구동축에 장착했을 때의 상태를 나타내고 있다.

여기서 볼 죠인트를 조립했으므로 사진과 같은 위치로 했을 경우에는 플런져는 죠인트가 움직일 수 있는 범위내에서 밑으로 내려갈 것이지만 사진의 상부 2개만은 죠인트부가 강하므로 내려가지 않았다.

이것은 볼 죠인트의 개개의 부품의 치수정도(精度)나 형상이 다르므로

사진2.18 플런져의 조립

7개의 플런져중 밑의 5개는 자중으로 내려가지만 위의 2개는 안내려간다. 볼죠인트부 제작 치수의 잘못이며 뒤틀린것 같다.

5. 유압 펌프의 트레블 사례에서

조립해 보면 이와같은 결과가 된다고 본다.

이대로 조립해서 쓰면 볼 죠인트의 소착이나 이상마모는 필연적이고 눌음 쇄에 심을 넣거나 부분적으로 줄칼로 절삭하는등의 방법을 취해서 수정하게 된다.

3 - 3 유압유(油圧油)의 취급

이상 몇가지의 유압 펌프의 트러블 사례를 소개했으나 우연히도 메이커를 지적하는 편이 많아졌다.

유압장치에 관한 우수한 참고서나 전문서적도 많이 나와 있으나 그것들과 공통해서 장치를 불안정하게 하는 원인의 대부분은 유압유의 오염이라고 한다.

이것은 유압을 취급하는데 있어서 제일 먼저 생각해야 할 포인트가 아니면 안된다. 유압장치는 단지 에너지의 변환수단이라기 보다 좀도 광범위한 요구를 충족시킬 수 있는 토오탈 시스템이다.

그것은 인체의 기능과도 비슷해 유압 펌프는 심장, 유압유는 혈액, 제어밸브류는 두뇌, 액츄에이터는 손이나 발과 비교된다.

병원의 외과수술이 무균의 수술실에서 하는 것과 같이 우리들 보전기술자는 유압기기, 장치를 취급할 때「유압적 청결도」를 확보하고 준비해서 메인테넌스에 들어가야 한다. 이것은 기본적인 마음의 준비이다.

유압유는 혈액에 해당하는 것이며 의사가 혈액검사, 수혈, 주사를 할때의 신중함과 마찬가지로 유압유를 취급해야 한다.

유압기기는 제일급의 정밀기계이다. 기계공업 중에서도 일류의 기술을 갖고 있지 않으면 제조할 수는 없을 것이다. 그러나 또한 제작 미스도때때로 볼 수 있는 것이 현상이다.

이와같은 것도 유압유 오염, 이물 혼입의 원인의 하나로 셀 수 있다. 단지 메이커의 제작 미스에 의한 고장기계는 보전현장에서 자취를 감추어 표면에는 잘 나타나지 않는 것이 실정인 것이다.

보전기술자는 메이커의 제작 미스를 지적할 수 있는 실력을 몸에 배게할 것을 바라는 바이다.

보전기술자는 고장원인을 정확히 해명하고 메이커와 함께 개선·처리할 수 있도록 넓은 범위의 기술력을 양성해야 한다.

기계현장의 보전실무 《기능장치집》

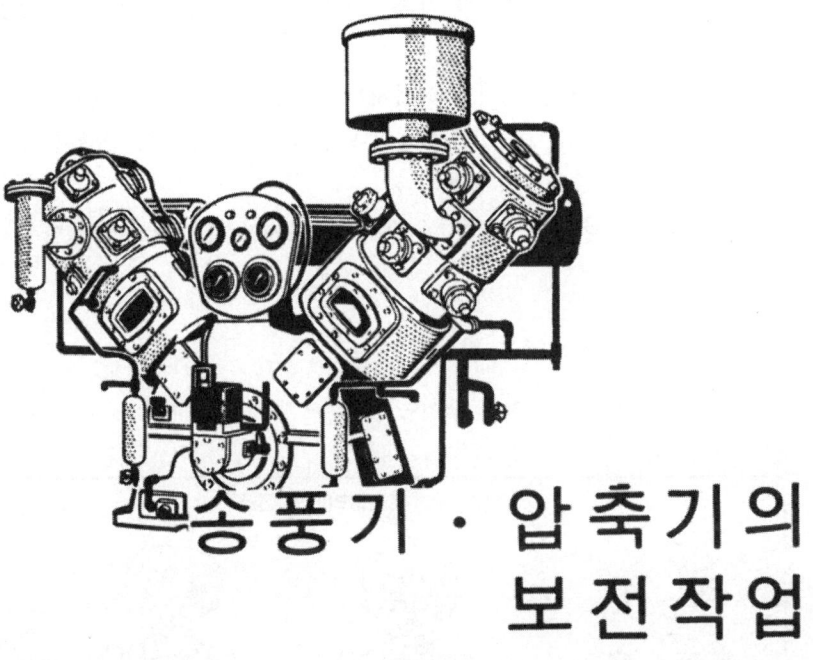

송풍기·압축기의 보전작업

송풍기, 압축기의 보전작업

1. 공기기계의 분류

공기기계는 넓은 의미에서 공기(더욱 일반적으로는 가스)압축기와 압축된 공기에 의해 작동시키는 압축공기기계로 대별된다.

이 항에서 취급하는 송풍기나 압축기는 전자의 공기압축기라고 할 수 있다.

이 공기압축기는 넓은 의미로 해석하면 "공기의 체적을 축소해서 이어서 내보내는 기계"라고 할 수 있으나 흡입측의 압력과 토출측의 압력의 크기에 따라 송풍기와 압축기로 분류된다.

여기서 우선 이것들의 성능을 나타내는데 관계가 깊은 공기압의 단위에 대해 정리해 둔다.

1 여러가지의 공기압 단위

우선 압력을 취급할때 자주 쓰이는 말에 대기압 혹은 표준기압이라고 하는 말이 있다.

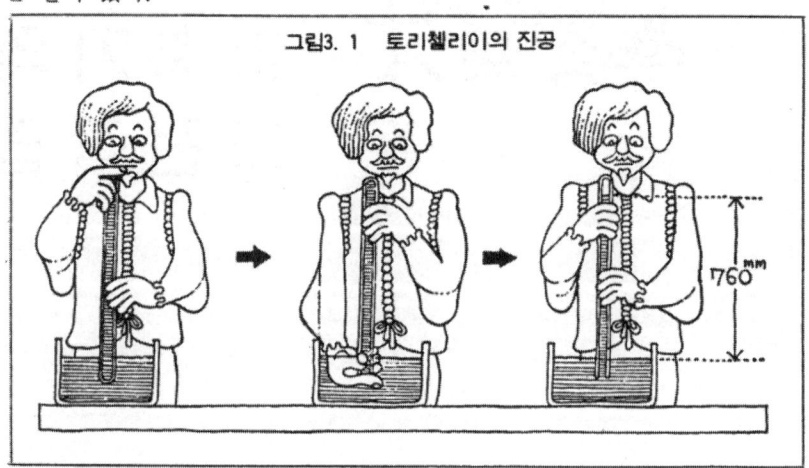

그림3. 1 토리첼리이의 진공

1. 공기기계의 분류

이것은 지구상의 모든 물체를 누르고 있는 공기의 무게를 말하며 토리첼리의 진공으로 실험되는 바와 같이 수은주에서는 760mm에 해당하고 mmHg로 나타낸다. 또 수주(水柱)에서는 10,332mm에 해당하고 mmAq로 나타내진다. 우리들은 보통 대기압=1kg/㎠로 부르고 있으나 kg/㎠로 나타내는 것은 공업기압이며 압력계의 눈금은 실은 1.0332kg/㎠를 0으로하고 있다 일기예보등에서 쓰이는 기압은 mmb(밀리바아르)로 나타내며 1 표준기압은 1.013mmb로하고 있다.

2 송풍기, 압축기의 분류

먼저 송풍기, 압축기등은 발생시키는 압력의 크기에 따라 구별된다고 기술했으나 이와같은 예비지식도 머리에 넣은 다음 공기압축기를 분류해보기로 한다.

◎ 통풍기 (팬 또는 벤틸레이터라고도 한다)

대기압 밑에서 환기, 통풍 정도로 쓰이고 토출압력은 대략 200mmAq까지가 보통이지만 500mmAq, 1.000mmAq까지를 지적할 경우도 있다

◎ 송풍기 (블로워)

통풍기 보다 토출압력이 높고 1~1.5kg/㎠정도의 것을 말한다.

◎ 압축기 (콤프레서)

1.5~2.0kg/㎠이상의 것을 말하지만 블로워와는 정확히 구별돼 있지는 않다.

또 대기압 이하의 공기를 대략 대기압까지 압축해서 토출하는 것을 진공 펌프라고 하며 통풍기나 송풍기를 써서 공기를 추출하는 것을 배풍기라고 할 경우도 있다.

이와같이 공기를 수송하거나 압축하거나 하는 공기기계는 일반가정에서 쓰는 환기선, 선풍기로부터 산업용으로서 1,000kg/㎠를 넘는 특수가스 압축기와같은 것 까지 다종다양한 것이 쓰이고 있다.

단지 그 호칭방법은 통일 돼 있지 않으므로 여기서는 표3.1과같이 분류해 둔다.

표3.1 송풍기·압축기의 분류

명칭			송 풍 기		압 축 기
		압력	팬	블로워	
종별			1,000mmAq 미만	1 이상 10mAq 미만	1 kg/cm² 이상
터어보형	축류식	축류			
	원심식	다익			
		레이디얼			
		터어보			
용적식	회전식	루우츠			
		가동익			
		나사			
	왕복식	왕복			

2. 축류형(軸流型) 홴의 보전

이 항에서는 일반공장에서 많이 쓰이고 있는 송풍기, 압축기에 대해 각 형식 별로 보전의 포인트, 분해수리의 웃점등을 기술한다.

2. 축류형(軸流型) 홴의 보전

1 축류형의 성능과 특징

축류형 홴은 보통 프로펠러 홴이라고도 하는 것이며 크기에 비해 풍량이 많고 간단한 구조이므로 취급하기 쉽다.

구조적으로는 프로펠러의 부분을 플라스틱으로 만든 가정용의 것 부터 철판을 비튼 것 같은 간단한 것을 전동기 직결 또는 벨트로 구동하는 것이 있다.

그중에는 설비에서 회수한 냉각수를 공랭하는 쿠울링 타워의 송기(送氣)나 공장의 천정이나 벽면에 부착한 벤틸레이터와 같이 정, 반회전해서 흡, 배기 양용으로 쓰게끔 된 것도 있다.

이것들의 것은 토출압력도 낮아 30mmAq이하이지만 50mmAq나 되면 보스와 일체로 주조된 날개바퀴나 안내날개를 구비하고 더욱 더 고압이 되면 날개의 가변(可變)피치식이나 다단식이 되어 구조도 복잡해진다.

광산, 지하도, 터널등의 배기나 보일러의 밀어넣기 통풍에는 이것들 고압이고 대용량의 것이 쓰인다.

2 점검정비의 포인트

그림3.2는 일반공장에서 많이 쓰이고 있는 환기선이나 루우프 홴이다.

이것들은 직접 제조설비와는 달라 그다지 주의를 하지 않고 고장이 나면 비로서 수리한다고 하는 케이스가 많으며 또 계절적으로 휴지시켜 그대로 방치되고 있었으므로 운전재개시는 운전불능이 되거나 한다.

이 종류의 설비는 연간을 통해 계절적으로 혹은 공장의 휴일등을 보아 반

송풍기, 압축기의 보전작업

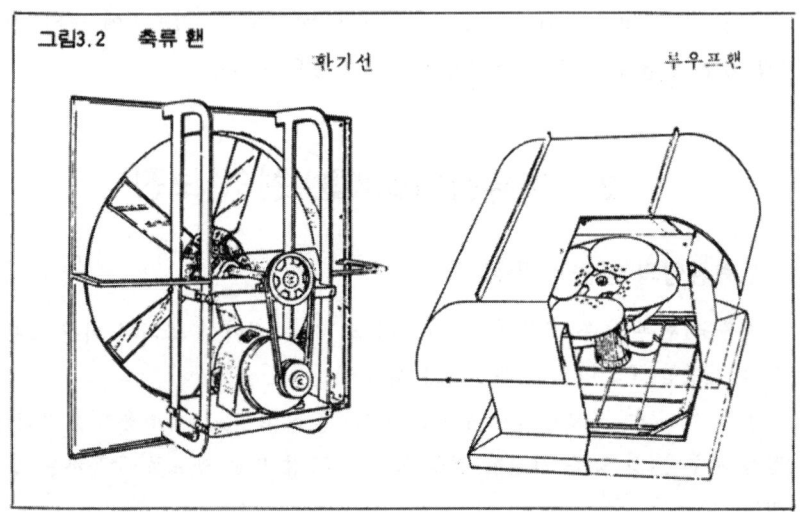

그림3.2 축류 팬   환기선   부우프팬

드시 수일간의 정지가능한 때가 있다.

이것에 대해서는 《기계요소 작업집》의 "보전작업의 진행방법"의 항에서 기술한 보전계획표에 짜 넣어 적어도 연 1회는 다음사항을 점검 정비해 두면 보다 길게 수명을 유지할 수 있다.

(1) 이물의 흡입이나 부식, 마모 혹은 먼지나 슬러지의 퇴적등으로 프로펠러가, 변형, 손상해서 진동이나 베어링의 발열이 일어나지 않는가
(2) 구동 벨트의 열화, 마모, 손상은 없는가 운전중 벨트가 절단돼서 프로펠러에 감기거나 변형, 손상을 일으킨다.
(3) 전동기, 리이드 선등의 부식, 진동이나 수분, 습기등에 의한 절연열화, 손상은 없는가.

이들 체크외에 오염을 청소하고 녹을 떼내며 느슨해진 것을 더 죄고 벨트의 교체, 베어링 급유, 재도장을 해둔다.

프로펠러의 변형, 손상은 펌프의 항에서 기술한 동(動)밸런스의 관계상 수정불능이다. 그것이 진동의 원인이라면 메이커에서 신품을 구입해서 교체하여야 한다.

이 종류의 팬은 부착된 장소와 운전 스위치의 위치가 멀어져 있는 경우

3. 원심형 홴의 보전

가 많으므로 점검, 청소할 경우 다른 사람이 스위치를 넣어 불의의 사고가 일어나지 않게 스위치에 점검표를 달거나 퓨즈를 빼는등 안전면에 대해 충분히 주의한다.

3. 원심형 홴의 보전

1 원심형의 종류와 용도

원심형 홴은 표3.1의 분류에서도 나타낸바와 같이 또한 다익형(시로코홴) 레이디얼형(플레이트 홴), 터어보형, 리머트로오드형등으로 분류된다.

이것들을 그림3.3에 나타냈다. 또 날개바퀴의 종류에 따라 케이싱도 다소의 상이는 있으나 거의 그림과 같은 원심형으로 봐도 된다고 본다.

보통 홴이라고 하는 클라스의 것은 날개바퀴는 강판 리벳 고정이고 케이싱은 강판 용접구조로 만들어져 있다. 이것도 전항의 터어빈 펌프와 마찬가지로 대용량, 고압이 되면 편흡입에서는 축 방향의 관계상 양흡입형으로 하는 것도 있다.

용도로서는 공장내의 국소배기장치, 냉난방공조용등과 비교적 고압의 것

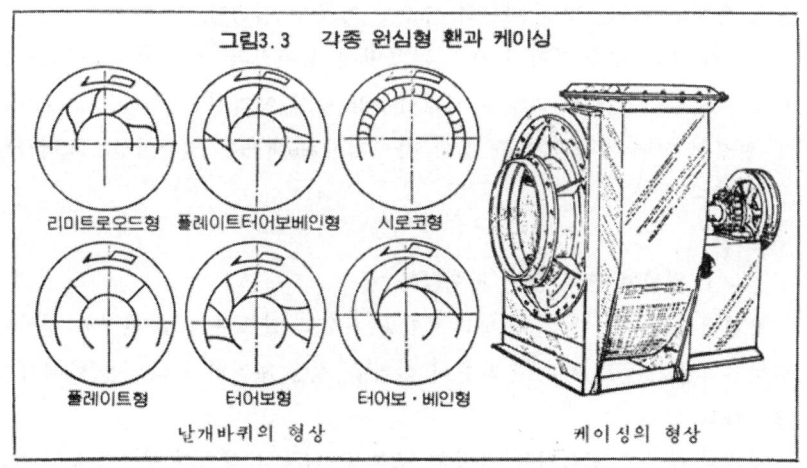

그림3.3 각종 원심형 홴과 케이싱

은 고체를 포함한 공기수송등에 많이 쓰인다.

② 원심형 휀과 노동안전 위생규칙

이상과같은 용도로 보아 특히 국소배기장치, 제진장치, 배가스장치등에 쓰일 경우에는 노동안전위생법에 정한 것에 따라 정기 자주검사를 하고 항상 양호한 상태로 유지, 보전하여야 한다.

법령 안의 노동안전위생규칙, 특정화학물질 장해 예방규칙, 납 중독예방규칙, 유기용제 중독 예방규칙에서는
① 위험물 건조설비
② 클로로포름등 약 50종 이상의 유기용제를 취급하는 설비
③ 납, 납합금, 납화합물을 취급하는 설비
④ 염화 비페닐(PCB)등 약 50종 이상의 특정화학물질을 취급하는 설비에는 환기장치, 국소배기장치, 제진장치, 배 가스 처리장치등을 설치하고 매년 한번 정기 자주검사를 해서 그 결과를 기록하고 3년간은 보존해야 한다 라고 정해져 있다.

보전기술자로서 법의 정신을 충분히 이해하고 이 종류의 기계나 설비성능을 유지관리하는 것은 대단히 중요한 업무인 것이다.

여기서 모든 것을 명확히 하고 기업내에 있어서의 정기 자주검사체제를 확립한 사례등에 대해 기술할 예정이지만 우선 여기서는 국소배기 장치등에 원심형 휀을 썼을 경우의 정기 자주검사의 내용과 일반적인 보전사항을 정리해 둔다.

2-1 원심형 휀의 정기 자주검사

법령에서는 사업자에 그 관리책임을 지우고 있으나 기업 안에서 설비의 유지관리를 업무로 하는 우리들이 이것을 실행 관리하지 않으면 안된다고 생각하고 있다.

실제의 운용에 있어서는 법령의 조문을 더욱더 상세히 연구하지 않으면

안되지만 이하에 정기 자주검사의 포인트를 기술한다.

《검사항목》

① 후우드, 덕트의 마모, 부식, 움푹패임, 기타의 손상의 유무 및 그정도
② 덕트, 배풍기의 먼지 퇴적상태
③ 배풍기의 주유상태
④ 덕트 접속부의 풀림
⑤ 팬 벨트의 작동
⑥ 흡기, 배기의 능력
⑦ 여포(濾布)식 제진장치에서는 여포의 파손, 풀림
⑧ 기타 성능 유지상의 필요사항

《기록사항》

① 검사 연월일
② 검사방법
③ 검사개소
④ 검사결과
⑤ 검사자 명
⑥ 검사결과를 바탕으로 한 보수등의 내용

2-2 기타의 필요한 검사

전항에서 기술한 것은 안전위생상 법에 따라 정해진 최저의 기준 이지만 보전기술상의 견지에서 보면 더욱 하기와 같은 검사가 필요 하다고 본다.

(1) 성능검사

우선 성능검사의 사례에 대해 기술해 보자

팬류에는 여러가지 사용방법이 있어서 설치당초의 설계시방, 송풍의 목적이나 계통을 잘 음미해서 검사항목을 정할 필요가 있다.

여기에는 풍량, 풍압, 풍속이나 흡기온도등 성능상의 중점으로 하는 점의

송풍기, 압축기의 보전작업

표3. 2 원심형 팬의 성능검사 기준예

검사항목	검사방법	측정기	기 준 치		검사주기	검사시의 주의
			규 정 상 한 계	수리후 이하		
1. 진동	운전중의 베어링부를 측면에서 측정한다.	전기식 진동계 등	20μ	50μ	25μ 이하	1회/6개월
2. 베어링 온도	운전중의 베어링부를 표면 온도계로 측정한다.	표면온도계	10μ	40μ	25μ 이하	1회/6개월
			실온 +20°C	실온 +40°C	실온 +25°C 이하	1회/6개월
3. 압력	흡입구·송출구 정압을 측정한다.	드라프트 게이지	90 mmAq	110 mmAq	85 mmAq / 105 mmAq	1회/3개월

(주) 전동기부에 대해서는 필요에 따라 전류측정 및 절연 수리시의 검연측·송출측 정압을 측정할 것.

검사사항 및 이유

1. 기준치와 운용상의 주의
   규제치는 정비가까지 정격성능있을 것. 사용한계는 종합점상 및 수리시의 경제성 면 등 각종 관계이므로 사용부터 정해져가 있음에도 있어서 경험적으로 한다.
2. 수리후의 정도, 성능도 경제체제차이 되는 것 나타내며 반드시 규제치까지 할 필요없다.
3. 검사결과 사용한계내에 있으면 수리가 필요없다.
   특별기준으로는 정기수리의 수리시방서로 쓰며 실시
4. 이 종류의 설비에는 보통 정해진 1년수의 정기수리 예정속할 것.
5. 이 종류의 설비에는 보통, 가속도계통을 갖 나다, 수리주 분석, 가속도 측정등이 진 것.

검사담당자
계장점검일

유지담당자
점검란

— 112 —

3. 원심형 팬의 보전

필터, 제진장치, 열교환기, 배기세정(排気洗浄)·분리장치등 트러블이 일어나기 쉬운 부분, 순 기계적인 성능의 유지등을 생각할 수 있다.

표3.2원심형 팬의 성능검사기준예이다. 이것은 22KW, 1500r/m, 풍량375㎤/min, 전정압200mmAq의 터어보 팬이고 일반공장내의 공기난방의 순환에 쓰인다. 비교적 안정된 가동을 하는 것이다.

주요한 검사항목으로서는 순 기계적인 성능과 순환공기의 흡입 필터, 20%정도에 해당하는 신선 공기의 흡입 필터의 오손, 손상, 날개바퀴의 오손과 열교환기의 오염, 막힘등이며 전효율의 65%까지의 저하를 목표로한 사례이다.

검사항목에 대한 개개의 한계치, 주기등에 대해서는 그 팬이 갖고 있는 성능곡선이나 필터 기타의 실제의 오손상황등을 참고로 해서 유도하게끔 한다.

(2) 푸우드의 가장자리, 덕트 수평부의 연구

그림3.4에 나타낸 것 같은 국소배풍기의 배기가스가 실내온도나 기온보다 높으면 덕트 속에서 냉각, 응결해서 떨어진다.

만일 이것이 유해하거나 부근을 오손하게 된다면 이차적인 트러블이 되므로 푸우드의 가장자리, 덕트의 수평부등에 응결액을 배출하는 연구를해

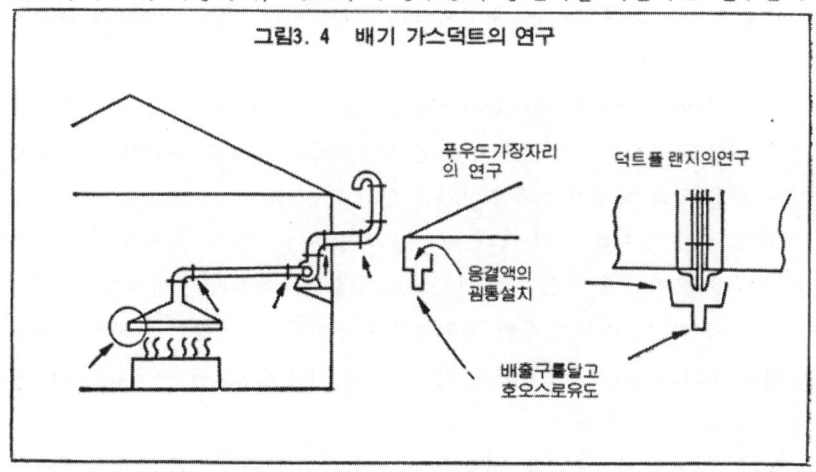

그림3.4 배기 가스덕트의 연구

두어야 한다.

(3) 필터의 점검

냉난방 공조용으로 쓸 경우는 흡기측에 필터를 쓰는 것이 상식이다. 보통 이 종류의 필터에는 동식물성 섬유가 쓰이고 있으나 먼지등으로 눈이 막히면 흡입공기량이 저하되어 공조효율이 놀랄정도로 저하 돼 있을 경우가 있다.

이 필터의 점검도 최초는 보전계획표에 따라 월 1회정도로하고 흡배기 압력을 체크해서 필터의 수세정비의 주기를 측정하며 다음은 보전계획에 들어가게 하면 된다.

3 베어링의 수명과 보전성에 대해

3-1 베어링의 형식과 특징

베어링의 형식이나 용량에 대해 메이커는 부하계산이나 가동조건으로부터 그 나름대로의 선택기준을 제출한다.

또 우리들도 유저로서의 보전기술면에서 봐서 경험적인 의견을 갖고 있다.

보통 로울러 베어링을 쓴 형식에서는 그림3.5(a), (b), (c)를 그 대표예로서 들 수 있다.

(a)는 축의 형상이나 베어링의 구조도 간단하고 분해, 조립이나 점검조정도 대단히 하기쉬우며 부품의 오환성(互換性), 입수도 용이하다. 이와같은 조건을 갖고 보전성이 우수하다고 한다.

(b)에 대해 생각해 보면 축의 형상은 복잡하다. 또 축 강도에 관계가 없는 부분을 굵게 해두지 않으면 안되므로 재료비, 가공비는 비싸진다.

또한 베어링의 내륜과 축의 끼워맞춤부 공차를 보다 정확히 하지 않으면 안되며 전체의 조립도 힘들고 분해, 조립을 반복함으로써 마모되고 그 때문에 교체도 필요해진다.

(c)는 피로오 블록이라고 하는 극히 경하중의 베어링이고 소형의 간단한

3. 원심형 팬의 보전

그림3. 5 원심 팬의 베어링 형상예

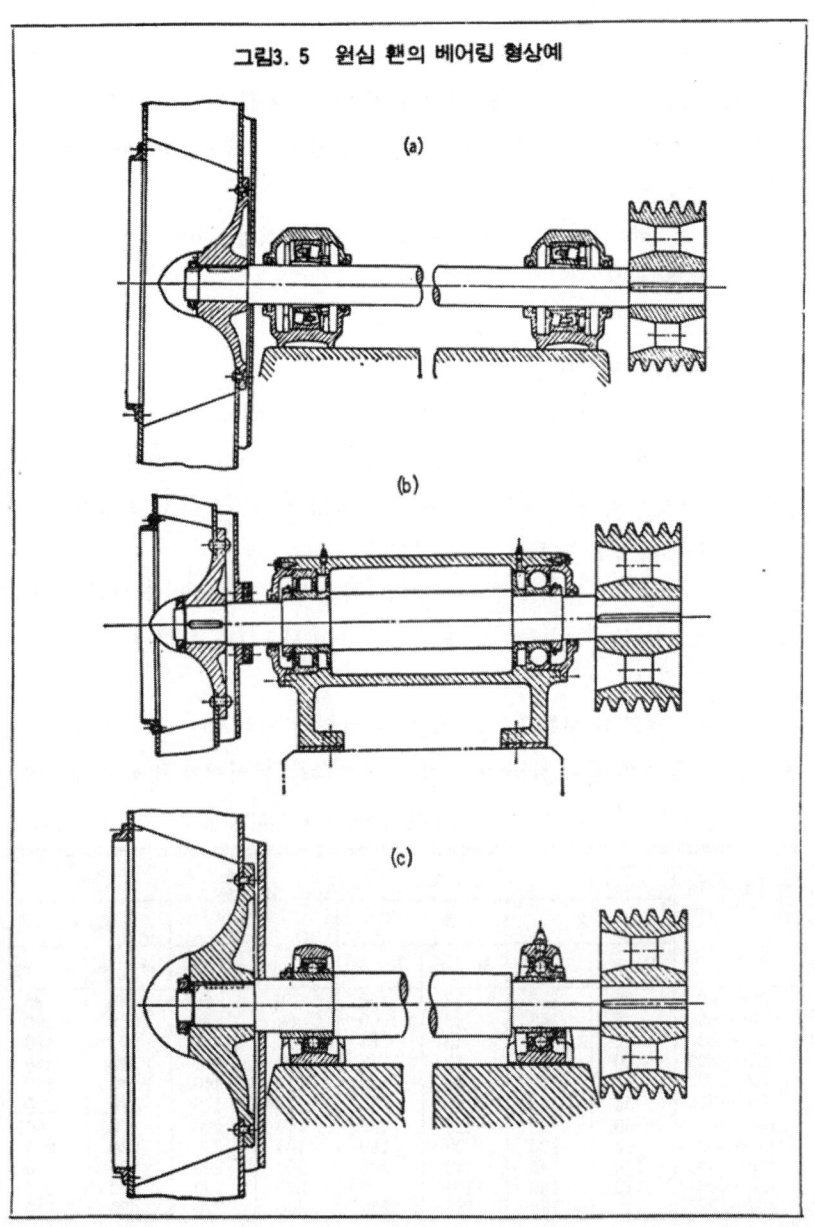

기계에 쓰이는 것이다.

특히 날개바퀴축은 내륜이 축에 나사로 고정되고 끼워맞춤도 느슨한 것이 아니면 조립할 수 없다. 또 베어링 전주면(転走面)의 그리이스 보유량도 적어 안심할 수 없다. 더욱이 축 방향의 팽창, 수축을 흡수하는 형식으로도 돼 있지 않다.

이 종류의 것은 싸므로 소형 경하중인 곳에는 적합하지만 기타의 큰 부분에는 쓸 수 없다.

3 - 2 베어링의 적정 틈새

다음에 베어링 어댑터(슬리이브라고도 한다)에 대해 기입하기로 해본다. 라고 하는 것은 《기계요소 작업집》"베어링 조립의 욧점"이나 "축의 끼워맞춤"의 곳에서 약간 기술했으나 테이퍼 구멍의 베어링은 그 조립기술이 수명에 중대한 영향을 미치게 되는 것이다.

베어링 전주면에 틈새가 있다는 것은 이전에도 기술했으나 그러면 실제로 어느정도의 틈새가 나 있는가 메이커의 캐털로그에서 전재한 표 3.3에서 보기로 한다.

이것은 자동조심(自動調心)로울러 베어링의 것이지만 테이퍼 구멍은강한 끼워맞춤으로 쓰고 내륜의 두께도 적으므로 넓어지기 쉬우나 볼 앤드

표3.3 테이퍼 구멍 구면 로울러 베어링의 레이디얼 틈새   단위 0.001mm

베어링내경 d 의 호칭치수 (mm)	틈				새			
	C 2		보 통		C 3		C 4	
	최소	최대	최소	최대	최소	최대	최소	최대
30~ 40	25	35	35	50	50	65	65	85
40~ 50	30	45	45	60	60	80	80	100
50~ 65	40	55	55	75	75	95	95	120
65~ 80	50	70	70	95	95	120	120	150
80~100	55	80	80	110	110	140	140	180
100~120	65	100	100	135	135	170	170	220
120~140	80	120	120	160	160	200	200	260
140~160	90	130	130	180	180	230	230	300
160~180	100	140	140	200	200	260	260	340
180~200	110	160	160	220	220	290	290	370
200~225	120	180	180	250	250	320	320	410

3. 원심형 팬의 보전

로울러 베어링 중에서는 최대의 틈새를 갖고 있다.

그러므로 어댑터나 테이퍼 축에 지나치게 강하게 밀어 넣으면 적정한틈새가 없어져 수명이 저하된다.

원래 베어링의 틈새는 약간 마이너스 쪽이 수명이 길다고 생각하고 있다. 그것은 윤활유가 유체 역학적인 쐐기 작용에 의해 전동체(転動体)에 약간의 왜곡을 일으켜 적정한 두께의 유막을 만듦으로써 전주면을 최대한으로 활용할 수 있기 때문이다.

그러나 그 때문에 정도(精度)가 높은 하우징, 축, 정확한 끼워맞춤, 이상적 운전조건등이 필요하지만 현실로는 대단히 힘드므로 보통 적정한 틈새를 설정해준다.

말은 되돌아가서 어댑터를 죄는 방법에 대해 설명을 한다.

그림3.6과같이 어댑터 달림 베어링을 축에 삽입해서 어댑터 너트를 후크 스패너로 죄면 우선 최초의 저항을 느낀다. 그것은 어댑터가 축과 내륜에 꽉 끼워진 상태이다.

거기서 또한 너트를 죄서 내륜이 넓어지게끔 끼워맞춤을 강하게 해야하는 것이다.

이에 따라 내륜의 축 방향 짐량(어댑터와 내륜의 상대적인 이동량)으로

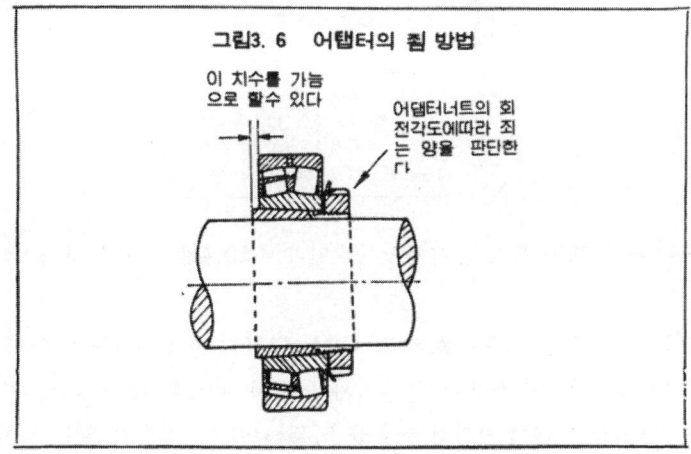

그림3. 6 어댑터의 죔 방법

이 치수를 가늠으로 할수 있다

어댑터너트의 회전각도에따라 죄는 양을 판단한다

표3.4 테이퍼 구멍 구면 로울러 베어링의 죔과 틈새감소의 관계   단위0.001mm

베어링내경 d의호칭치수 mm	틈새감소량 mm		축방향죔량 mm				보통 틈새의 베어링 조립 시의 허용치 소잔류 틈새 mm
			테이퍼 1 : 12		테이퍼 1 : 30		
	min.	max.	min.	max.	min.	max.	
30~40	0.020	0.025	0.35	0.4			0.015
40~50	0.025	0.030	0.4	0.45			0.020
50~65	0.030	0.040	0.45	0.6			0.025
65~80	0.040	0.050	0.6	0.75			0.025
80~100	0.045	0.060	0.7	0.9	1.75	2.25	0.035
100~120	0.050	0.070	0.75	1.1	1.9	2.75	0.050
120~140	0.065	0.090	1.1	1.4	2.75	3.5	0.055
140~160	0.075	0.100	1.2	1.6	3.0	4.0	0.055
160~180	0.080	0.110	1.3	1.7	3.25	4.25	0.060
180~200	0.090	0.130	1.4	2.0	3.5	5.0	0.070
200~225	0.100	0.140	1.6	2.2	4.0	5.5	0.080

표3.5 어댑터의 나사치수

적용축(dmm)	나사치수(직경×피치)
30 ~ 45	M35 ~ 50 } ×1.5
5mm뛰고	
50 ~ 145	55 ~ 150 } ×2
5mm뛰고	
150 ~ 190	160 ~ 200 } ×3
10mm뛰고	

전 주면의 잔류(殘留)틈새를 판정할 수 있다. 표3.4에 나타낸 것이 그 것이다.

그러나 이 죔량은 0.35~5mm 정도이므로 정확히 측정하기는 대단히 힘들다. 그래서 표3.5에 어댑터의 크기와 나사의 피치를 써 두었다. 피치 1 mm일때 너트를 1/3회전시키면 내륜을 0.33mm 이동시킬수가 있는 것이다.

여기서 중요한 점은 최초로 저항을 느끼는 점이며 너트의 죔 가감과 틈새 감소량에 대해서는 틈새 게이지등을 써서 연습해둔다.

또한 다시 말하고자 하는 것은 보통 베어링의 틈새를 지정하지 않은 경우에는 보통 틈새로 돼 있다. 베어링의 측면에 전기펜으로 기입 돼 있는 C_2, C_3, C_4는 틈새의 종별을 나타낸다.

테이퍼 구멍 달림 자동조심 볼베어링의 레이디얼 틈새는 발표 돼 있지않으나 내가 실측한 바로는 표3.3의 로울러 베어링의 경우의 60%정도로 돼 있다.

또 베어링 테이퍼 구멍은 1 : 12와 1 : 30의 것이 있으나 자동조심 볼베어링은 모두 1 : 12, 구면 로울러 베어링은 대형 중하중의 것에 1 : 30이 쓰인다.

4. 터어보형 블로워의 보전

1 터어보형 블로워의 구조와 특징

이 블로워는 그림3.7과같은 형상이고 보통은 500~1000mmAq의 것이 많이 쓰인다.

케이싱은 강판제 소용돌이 형으로 만들어지고 날개바퀴는 1500~2000r/m이상에서 쓰이기 때문에 강판용접구조, 주조일체구조등에 의해 만들어져 다이너믹 밸런스가 취해지고 있다.

날개형상은 뒤로 향하고 있고 날개형의 것에서는 가장 효율이 좋다.

그 특징은
① 풍량, 풍압의 변화가 비교적 적고 병렬운전에도 적합하다.
② 소요동력은 마감일때 최대가 되고 풍량의 증가에 따라 동력도 증가되지만 증대율은 다른 원심형에 비해 적다.
③ 운전조작도 간단하고 비교적 안정 돼 있다.

송풍기, 압축기의 보전작업

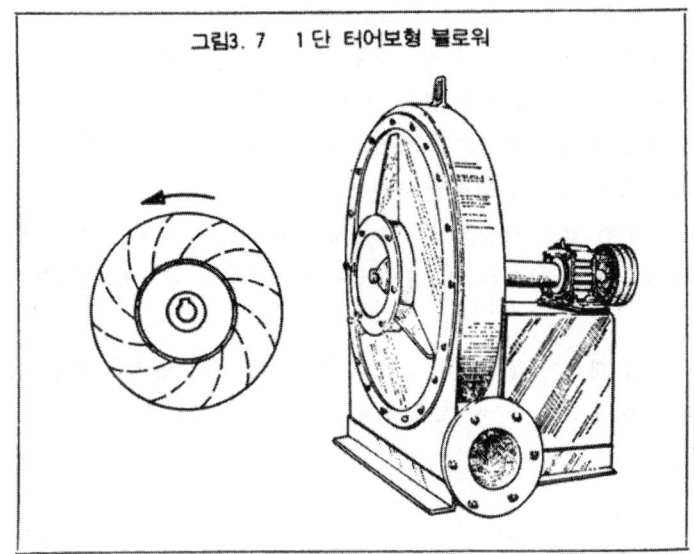

그림3. 7 1단 터어보형 블로워

등을 들 수 있고 다른 원심형 팬에서는 미치지 못하는 부분의 흡배기, 고형물 공기수송, 일반 보일러나 가열로의 밀어넣기 통풍등에 쓰인다.

더욱더 고압일 경우에는 다단식이 되며 케이싱은 주조 분할형이고 날개바퀴도 주조 또는 3차원 후라이스등으로 깎아 낸 것이 되어 터어버 압축기에로 진행해간다.

그러나 이것들은 풍량, 풍압의 변화에 대해 운전조건이 민감해지고 예컨대 소풍량으로 됐을 때의 서어징 방지 때문에 자동제어 기구를 구비하고, 베어링이나 케이싱 혹은 토출계의 냉각장치, 강제 윤활장치등이 달려서 차차 복잡도를 더해간다.

2 보전의 포인트

이와같이 대형이고 복잡한 것이 되면 그 설비 특유의 보수나 취급방법이 있을 것이지만 여기서는 1000mmAq, 50KW정도의 단단형(單段形)을 대상으로 그 보전의 옷점을 종합해 본다.

4. 터어보형 블로워의 보전

2-1 베어링의 보전

① 베어링의 배열은 한쪽 지지식이 많고 축단에 오우버행해서 날개바퀴가 부착되며 또 한쪽 끝은 벨트 구동 또는 커플링에 의해 모우터축과 접속 돼 있다.

　　이 부분의 포인트에 대해서는 《기계요소 작업집》의 축 이음, 벨트 구동의 항등을 참조하기 바란다.

② 베어링에는 복렬 자동조심형 볼 베어링 또는 구면 로울러 베어링이 많이 쓰이며 축과의 끼워맞춤은 어댑터가 쓰인다. 이 부분의 조립상의 기본도 《기계요소 작업집》의 베어링의 항을 참조한다.

　　축에 발생하는 스러스트도 이 베어링으로 충분히 유지할 수 있는 것이다.

③ 미끄럼 베어링이 쓰이고 있을 경우도 있으나 이것에 대해서도 마찬가지로 《기계요소 작업집》 미끄럼 베어링부를 참조한다.

　　또한 다시 말해두고 싶은 것은 스러스트를 받기 위한 주의사항도 병기 돼 있으므로 이에 따라 신중히 가공하기 바란다.

④ 팬, 블로워등은 기계적으로는 베어링부가 생명이다. 따라서 진동, 소음, 발열상태를 확실히 파악함으로써 거의 그 성능을 유지할 수 있다고 본다.

　　단지 브로워가 팬과 다른 점은 풍압이 높으므로 개개의 정해진 풍압을 파악할 필요가 있다고 하는 점이지만 기타는 팬의 항에서 기술한 성능 검사기준과 거의 같은 항목의 경향검사를 실행하고 베어링 수명을 예측해서 교체 주기를 확립하는 것이 중요하다.

2-2 정기 자주검사

이 설비도 팬과 마찬가지로 법령으로 정해져 있는 국소배기, 제진, 배가스 처리에 쓰이고 있을 경우는 정기 자주검사가 필요하다.

또 예컨대 그것에 해당하는 사용방법이 아니더라도 법으로 정해져 있는

송풍기, 압축기의 보전작업

검사항목은 보전기술적으로 봐도 최저한의 것이므로 사용조건에도 따르겠으나 적어도 3~6개월에 한번의 검사를 한다면 안심하고 가동을 보증할 수 있을 것이다.

5. 루우츠 블로워의 분해·조립

1 루우츠 블로워의 구조와 특징

그림3.8과같이 주철제 케이싱 속에 서로 90° 위치를 어긋나게 하여 누에고치형의 로우터 2개가 축에 부착돼 있다. 이것들은 축단의 동기(同期)기어에 의해 반대방향으로 회전하고 로우터와 케이싱 사이의 체적에 해당하는 기체가 송출되는 구조로 돼 있다.

(1) 로우터와 케이싱의 틈새

로우터와 케이싱의 사이는 항상 일정한 틈새를 유지하게끔 돼 있고 습동은 하지 않으므로 윤활은 필요 없다.

또한 그 틈새는 작을수록 효율은 좋으나 로우터에 걸리는 편하중 때문에 축이 휘거나 혹은 열팽창, 공작정도(工作精度)등의 관계상 기기용량에도 따

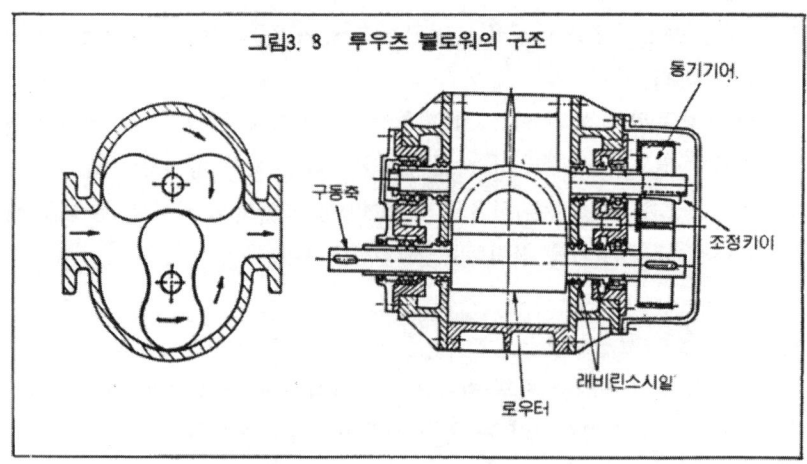

그림3. 8 루우츠 블로워의 구조

5. 루우츠 블로워의 분해 · 조립

르지만 그 틈새는 0.1~0.4mm정도의 범위내로 만들어져 있는 것이다.

실제면에서의 사용은 최초로 주어진 틈새의 1.5~2배로 됐을 때가 수리 교체의 한도이다.

또 가스의 흡인이나 압송 이외에서 수분이 혼입되어도 지장이 없을 경우에는 운전중에 케이싱내에 소량의 청수(淸水)를 연속적으로 공급해주면 틈새의 밀봉과 냉각에 좋은 역할을 하므로 약 20%정도의 효율이 올라간다고 하는 특징도 있다.

(2) 토출압력

토출압력에서는 거의 0.6~0.8kg/cm²의 능력을 갖고 있으며 2단 압축형의 것에서는 2 kg/cm²정도의 것도 있다.

또 무급유(無給油)때문에 청정운전이 되고 공기 이외의 가스류의 압송에도 쓰이는 외에 진공 펌프로서 400mmHg정도에도 쓰이고 있다.

이 경우 구조상 토출의 맥동은 피할 수 없으므로 대기에로 개방한 토출축에 사이렌서를 부착해야 한다.

② 분해, 수리, 조립의 포인트

루우츠 블로워는 보통 1000r/m전후에서 운전되고 특수한 것은 2000r/m의 것도 볼 수 있으나 회전기로서의 일상 점검항목이나 부하변동에 대한 처치등을 충분히 명확히 해서 실행하여야 한다.

또 한편으로는 구조상으로부터 오는 특별한 분해, 수리상의 포인트가 있으므로 여기서는 그 점에 대해 기술한다.

2-1 베어링의 조립

루우츠 블로워는 대단히 단순한 회전기이지만 회전하는 기구에서는 그 제일의 급소가 베어링에 있는 것은 물론이다.

루우츠 블로워의 베어링은 그림3.9와같이 볼 베어링과 로울러 베어링이 쓰이는 것이 일반적이다.

이 경우 《기계요소 작업집》"베어링 조립의 세가지 기본구조"에서 기술한 바와같이 볼 베어링측에서 축 방향의 고정 측 위치 결정이 되고 로울러 베어링측은 축 방향에 대해 후리이로 돼 있다.

조립의 포인트이지만 이것은 케이싱과 로우터의 열팽창의 차를 미리 생각해둔다고 하는 점이다.

케이싱은 외기에 접하고 표면에 냉각 휜도 붙어져 열방산이 큰데 비해 로우터는 적극적으로 냉각되지 않는다. 그러므로 당연히 로우터의 열팽창쪽이 커져 볼 베어링부를 기점으로 해서 로울러 베어링 쪽으로 신장되는 것이다.

그러므로 우선 케이싱의 폭과 로우터의 폭을 쟀으면(당연히 케이싱이 길다)그림3.9와같이 그 길이의 차의 거의 40%를 사이드커버와 로우터의 사이에 두는것 같이 스페이서의 길이를 조정하고 볼 베어링측을 조립하는것이다.

이것을 확실히 하고 로울러 베어링측의 사이드커버를 조립하면 이쪽측의 틈새는 나머지의 60%에 조립되게되어 열팽창의 차도 흡수할 수 있게 되는 것이다.

이와같이 기기의 구조나 미묘한 열팽창의 차등을 생각한 다음 세밀한 조

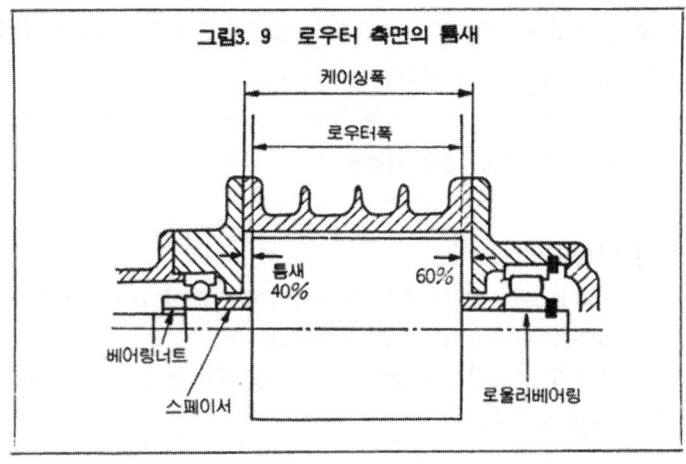

그림3. 9 로우터 측면의 틈새

5. 루우츠 블로워의 분해·조립

립을 함으로써 로우터와 사이드커버의 접촉에 의한 마모를 방지하고 높은 기능을 발휘하게끔 한다.

2-2 동기(同期)기어의 조립과 조정

구동 축(푸울리측)의 로우터와 종동(從動)축의 로우터는 서로 90°의 위상차를 갖게끔 동기 기어(이의 수는 같은 수)를 정확히 조립해야 한다.

축과 기어를 단지 손크 키이로 조립하기만 한다면 기어의 공작정도나 혹은 마모등에 의해 위상(位相)에 잘못이 생긴다. 로우터가 접촉한 다음에는 미조정은 불가능 하다.

그러므로 그림3.10(a)와같은 조절 키이를 부착하는 방법이나 (b)와 같은

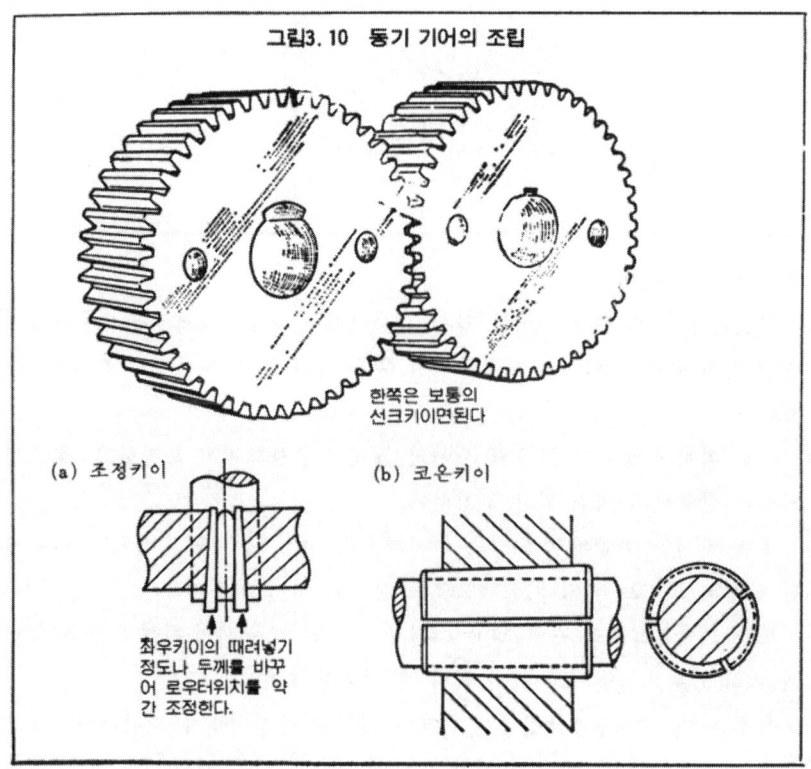

그림3.10 동기 기어의 조립

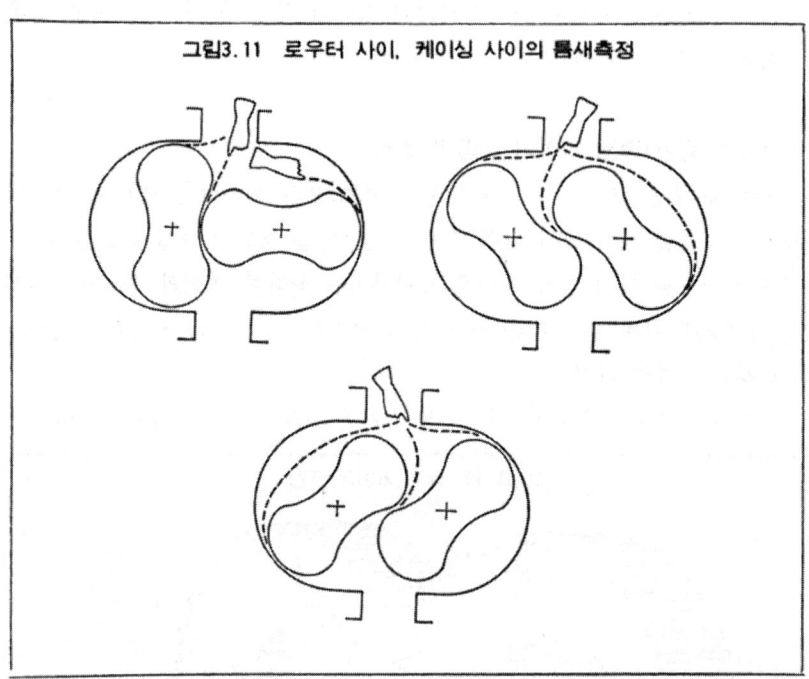

그림3.11 로우터 사이, 케이싱 사이의 틈새측정

코온 키이가 사용된다.

이들의 키이로 우선 기어를 임시 고정시키며 그림3.11과같은 로우터를 적당한 위치에 두고 케이싱 토출구에서 손을 넣어 틈새 게이지로 틈새를 측정한다.

어느 위치에 놓아도 로우터 사이의 틈새가 균등해지게 조정하고 좋으면 키이를 균등하게 때려 넣고 고정한다.

코온 키이의 취급에 대해서는 《 기계요소 작업집 》"키이 맞춤의 웃점과 빼는 방법의 포인트"에서 기술했으므로 참고로 하기 바란다.

또한 토출구로부터 손을 넣고 틈새를 측정할 경우 부주의해서 축을 돌리거나 하면 손가락을 로우터에 끼워 큰 상처를 당한다.

특히 타인과의 협동작업에서 신호나 열락의 불철저에서 일어나기 쉬우므로 이와같은 작업은 반드시 자기 혼자서 신중히 하는 것이 중요하다.

2-3 기타의 주의사항

(1) 사이드 커버의 위치결정

루우츠 블로워를 분해할 때 잘 주의해서 보기 바란다. 사이드 커버와 케이싱의 부착 보울트 중 2-4개는 리이머 보울트가 쓰여져 있던가 혹은 테이퍼 핀이든가 평행 핀이 적어도 한 쪽에 2개가 쓰여지고 있는 것이다.

사이드 커버는 베어링 하우징을 갖고 있으며 케이싱에 대해 정확한 위치결정을 한 다음 죄지 않으면 축심이 일치되지 않아 정확한 로우터의 틈새를 유지할 수 없다.

따라서 재조립의 경우에는 리이머 보울트나 핀류를 원래대로 정확히 써야 한다.

(2) 사이드 커버 축 관통부의 시일

사이드 커버의 축 관통부에는 누설방지 때문에 시일장치가 부착 돼 있다 거기에는 라비린스 시일이나 오일 시일, 고압의 경우에는 미커니컬 시일 등이 쓰이고 있다.

이것들의 종류나 취급에 대해서는 루우츠 블로워의 취급 설명서나 시방서에 명기 돼 있는 것이지만 기본적인 것은 《기계요소 작업집》"시일부품의 보전작업"에서 상세히 기입했으므로 참고로 하기 바란다.

6. 스크류 압축기의 일상보전

스크류 압축기는 루우츠 블로워와 일맥상통하는 것이며 구라파에서 발명되었고 공업적으로는 제2차대전 후부터 대단히 많이 쓰이게끔 된 것이다. 각부는 대단히 정밀하게 만들어져 있으며 기초적인 구조, 기능을 이해한 다음 정확한 운전과 보수를 함으로써 우수한 성능을 길게 발휘시킬 수 있을 것이다.

① 스크류 압축기의 구조와 기능

그림3.12에 나타낸 바와같이 크게 비틀어진 볼록면과 오목면의 대칭형의 이를 가진 2개의 로울러가 케이싱 속에서 서로 물리며 회전 하고 크게 열린 이의 공간이 서서히 닫히며 공기는 순차적으로 체적을 감소 하면서 출구 쪽으로 압축토출되는 구조로 돼 있다.

수 로우터는 4매(4枚)의 볼록 이, 암 로우터는 6개의 오목부를 갖고 흡입, 토출의 밸브 기구도 없이 압축, 토출은 연속적으로 행하여 지므로 맥동은 전혀 볼 수 없다.

로우터의 구동은 그림3.13에 나타낸바와 같이 수 로우터만을 구동하며 암 로우터는 맞물림에 의해 따라서 회전하는 것과, 그림3.14와같이 수, 암 로우터에 동기(同期)기어(치수는 4 : 6 의 비율이 된다)를 부착해서 구동하는 두가지 방법이 있다.

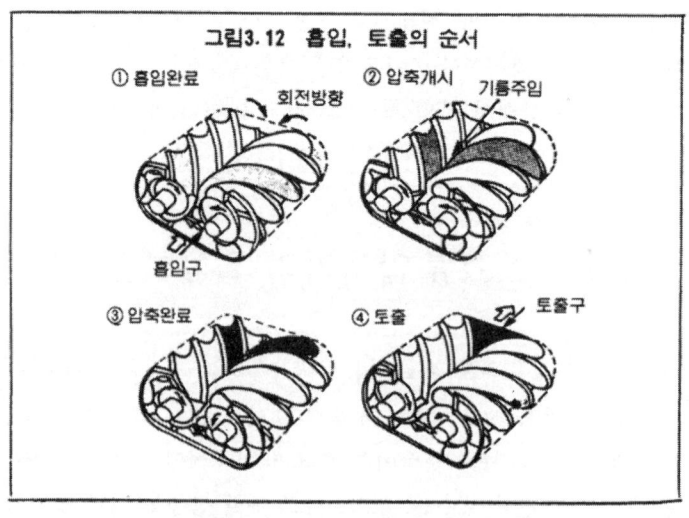

그림3.12 흡입, 토출의 순서

6 스크류 압축기의 일상보전

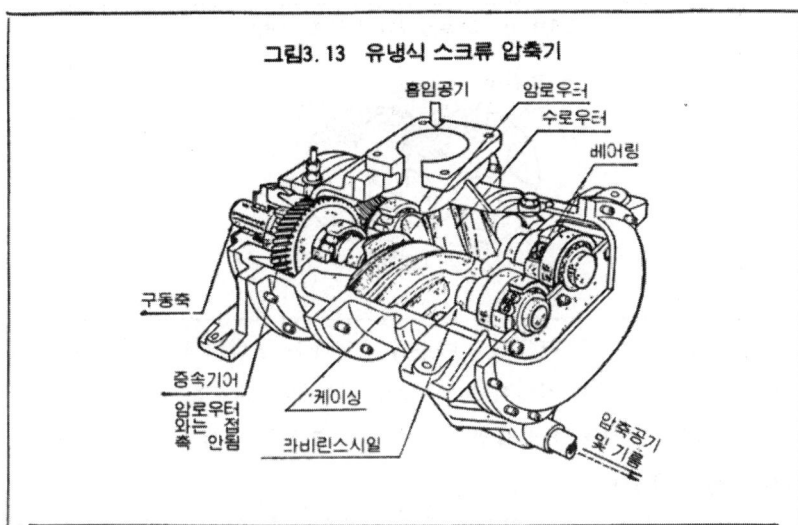

그림3. 13 유냉식 스크류 압축기

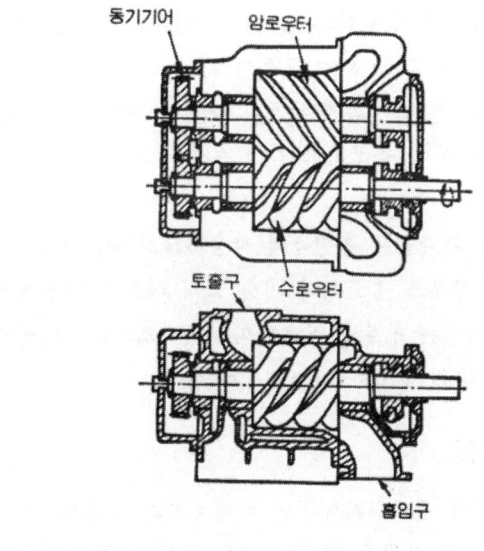

그림3. 14 무급유식 스크류 압축기

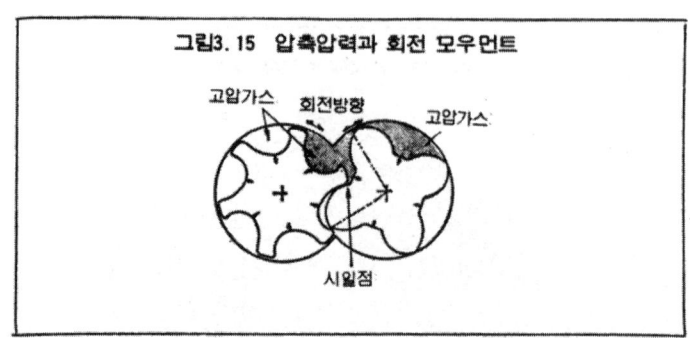
그림3. 15 압축압력과 회전 모우먼트

그림3.13의 것은 케이싱 속에 다량의 윤활유를 공급하고 로우터 사이 및 케이싱 사이의 틈새의 시일이나 베어링, 기어등의 윤활을 시킨다.

이 경우에는 윤활유가 압축공기와 함께 토출되므로 기름 분리기로 회수해서 다시 사용한다.

그림3.14의 무급유식은 전술한 루우츠 블로워와 마찬가지로 로우터사이, 케이싱 사이에 미소한 틈새를 유지하고 전혀 무접촉으로 운전시키는 방식을 취하고 있다.

어떤 방식에서도 루우츠 블로워와 같이 로우터에 편하중은 발생하지 않고 압축된 공기의 압력에 의한 회전 모우먼트는 그림3.15와 같이 모두 수로우터가 담당하고 암 로우터는 그 영향을 그다지 받지않는 특징을 갖고 있으므로 동기 기어의 유무에 불구하고 암 로우터의 회전 토오크는 대단히 작다고 볼 수 있다.

그러나 토출압력의 반작용은 흡입측에 작용하므로 암, 수 로우터 모두 스러스트를 받는 점은 루우츠 블로워와 비해 크게 다르며 이점에서 보아 사이드 클리어런스의 관리는 루우츠 블로워와 다른 고려방법으로 할 필요가 있으나 상세한 것은 다음 항에서 기술하기로 한다.

2 일상보전의 웃점

스크류 압축기는 아직 우리나라에서는 기계로서의 역사도 얕고 또 특수한 구조, 기능과 정도 및 부품을 간단히 만들 수 없는 점에서인지 판매처

6. 스크류 압축기의 일상보전

에서는 아프터 서어비스의 체계를 두고 고장수리, 오우버 호울에 만전을 기하고 있는 것 같다.

유냉식(油冷式)은 일반적인 공장 압축공기원 용으로서 많이 쓰이고 또 무윤활의 것은 특수 가스압축이나 냉동 가스압축의 케이스가 많은 것 같으나 유저축에서 전면적인 오우버 호울을 하는 케이스는 적다고 본다.

나도 많은 보전 데이터는 없으나 여기서는 유냉식에 대해 2~3의 체험을 종합하기로 한다.

2-1 윤활유의 관리가 최대의 포인트

어떤 기계라도 트러블 원인의 대부분은 윤활에 관련이 있다고 하여도 결코 과언은 아니다.

보전기술 중에서 윤활관리는 하나의 독립된 기술이며 이것은 시스템과 테크닉이 양립해서 성립돼 있다.

지금 여기서 윤활관리에 대해 한마디로 말 할 수 없으나 하여간이 보전 시어리즈에서는 취급하지 않으면 안될 문제라고 생각하고 있는 것이다.

여기서는 우선 유냉식 스크류 압축기의 체험적인 윤활유 열화의 요인도를 그림3.16에 나타냈다.

또 메이커나 형식, 운전조건의 차등에 따라 적정한 윤활유의 관리온도에는 차가 있다고 보지만 일반적인 순환계통을 그림3.17에서 생각해 보면 이 중에서도 최대의 포인트가 되는 것은 굵은 선으로 둘러 싼 바와같이 윤활유의 과열과 과냉각이라고 볼 수 있다.

2-2 로우터의 틈새 관리

(1) 로우터 측면과 케이싱의 틈새

스크류 압축기의 로우터 축도 루우츠 블로워와 마찬가지로 한쪽은 스러스트 방향으로 고정되고 한쪽은 후리이로 돼·있다.

그러므로 케이싱과 로우터의 열팽창의 차에 의한 틈새의 고려방법은 루

송축기, 압축기의 보전작업

그림3. 16 윤활유 열화의 요인

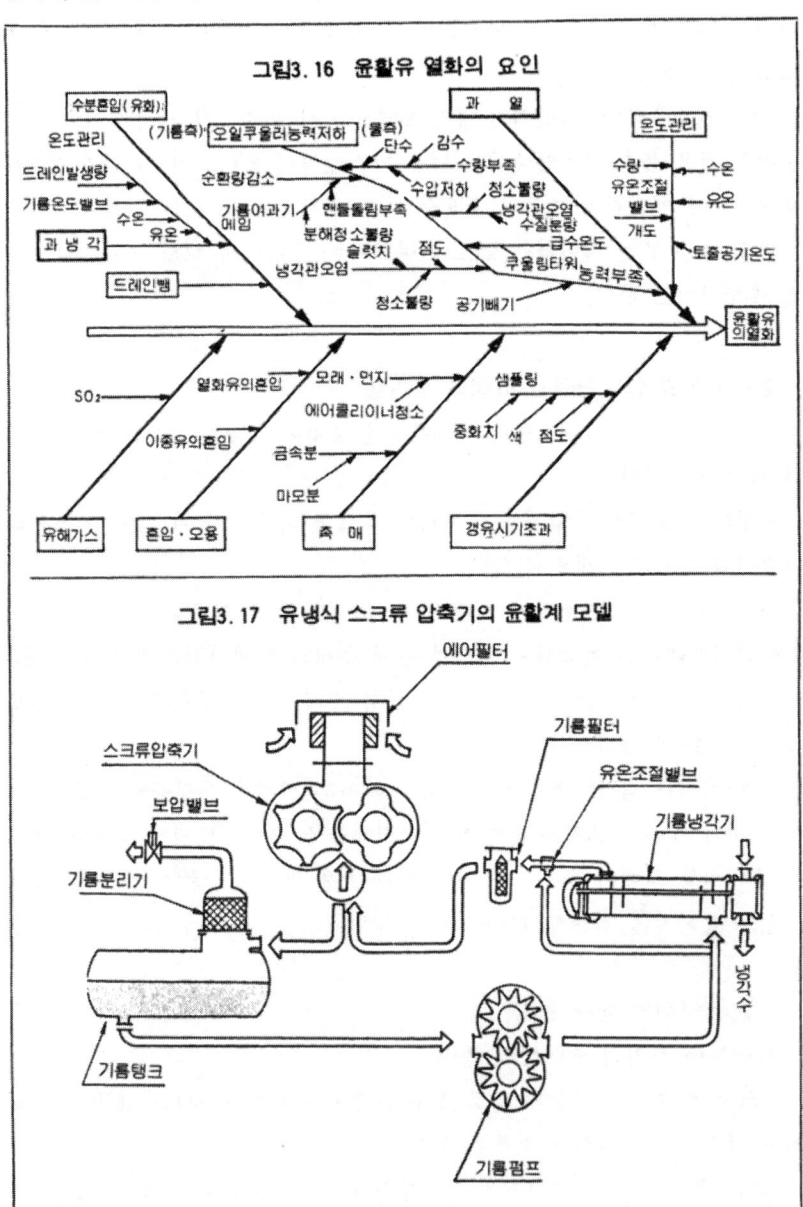

그림3. 17 유냉식 스크류 압축기의 윤활계 모델

우츠와 같은 이치가 성립된다.

그러나 한편 스크류 압축기에서는 스러스트 힘이 발생한다고 앞에서 기술했다. 그러므로 스러스트 방향에로의 베어링의 마모를 생각했을 때 오히려 흡입측의 로우터 측면의 틈새를 4, 토출측에는 2의 비율로 하는것이 적당하다고 본다.

이와같은 점은 그림3.9와같이 깊은 홈형 볼 베어링에 의해 로우터를 고정하고 스러스트를 받게하는 형식이라면 당연하다고 본다.

(2) 로우터 외경과 케이싱의 틈새

로우터 외경과 케이싱의 틈새에서는 베어링이 레이디얼 방향(원주방향)으로 마모되지 않는 한 거의 염려할 필요는 없다고 생각한다. 그것은 로우터에 편하중이 걸리지 않는 점도 큰 도움이 된다.

또 로우터 사이의 틈새에 대해서도 암 로우터에 회전토오크가 거의 걸리지 않으므로 마찬가지로 말 할 수 있다.

그러나 무어라해도 전항에서 기술한 윤활관리가 충분히 행하여 져 베어링 마모의 방지나 로우터 맞물림 면에 유막이 형성돼 있는 것이 전제로 되는 것은 잊어서는 안된다.

7. 왕복 압축기의 보전의 포인트

1 역사가 오랜 왕복 압축기

이 기구에 대해서는 말할 필요도 없을정도로 잘 알려져 있다.

1770년대 영국의 제임스·와트가 실용적인 왕복운동의 증기기관을 발명한 이래 200년 이상사이에 크랭크와 피스톤은 개량에 개량이 거듭돼 현재는 안정된 기구로서 쓰이고 있다.

왕복 압축기는 많은 습동부와 회전부 및 흡배기 밸브 기구를 가지며 지금까지 기술한 터어보형이나 스크류형에 비해 월등히 복잡하지만 초 소형에서 대형까지, 저압에서 고압까지 넓은 범위에 걸쳐 쓰이고 있다.

송풍기, 압축기의 보전작업

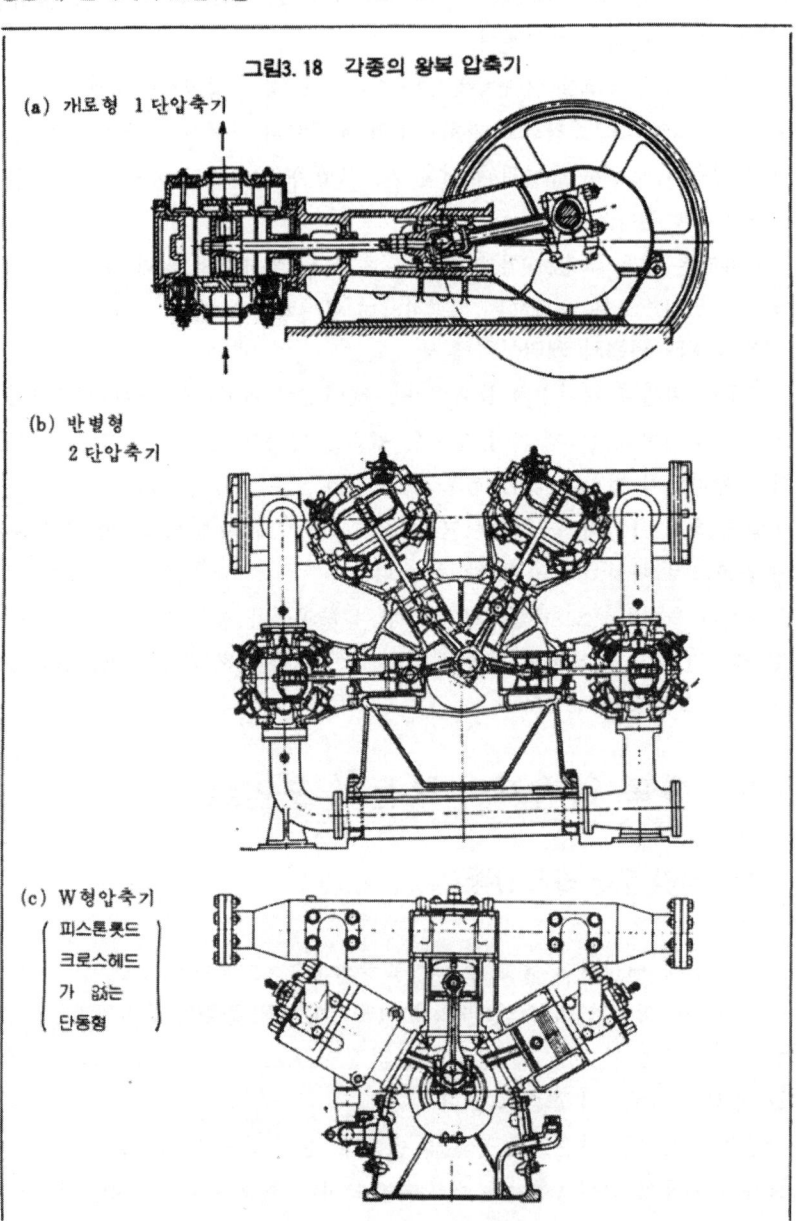

그림3. 18 각종의 왕복 압축기

(a) 개로형 1 단압축기

(b) 반별형 2 단압축기

(c) W형압축기
(피스톤롯드 크로스헤드 가 없는 단동형)

7. 왕복압축기의 보전의 포인트

또 특수한 가스 압축기에서는 1000kg/cm²는 고사하고, 2000~3000kg/cm²나 되는 것도 만들어지고 있다.

형식으로 보면 그림3.18과같이 실린더의 배치상 가로형, 세로형이 있으며 또 실린더의 결합법으로는 L, V, W이나 반(半)별형, 대향(対向)형등이 있다 압축방법상 단동형, 복동형, 단수(段数)상으로는 단단, 다단이 있다.

실린더 속의 급유는 크랭크 케이스에서의 끼얹기식, 흡기압(吸気圧)을 이용한 자동식, 강제 급유식, 또한 무급유의 것등으로 분류 할 수 있다.

2 보전의 웃점

이와같이 복잡한 기구를 가진 왕복 압축기도 기계공업의 긴 역사와 함께 발달해서 현재와 같은 안정성이 얻어지게 된 것이며 적절한 취급과 보전에 의해 긴 동안 그 성능을 유지하게된 것은 그다지 힘든 일은 아니였다.

여기서는 일반공장의 압축 공기원으로서 쓰이는 것을 대상으로 해서 보전실무의 기초적인 웃점을 종합해 본다.

2 - 1 밸브의 성능유지

왕복 압축기의 성능을 좌우하는 하나의 큰 포인트는 흡배기 밸브의 성능 유지에 있다고 해도 좋을 것이다.

이것은 보통 그림3.19, 3.20과같은 플레이트 밸브가 쓰이고 흡기, 배기 모두 같은것을 각각 반대방향으로 부착하는 것이 보통이다.

그러면 밸브의 점검과 정비에 대해 주요한 점을 들어본다.

(1) 언로우더와 그 점검

압축공기의 사용량 변동 때문에 압력이 일정이상으로 상승했을 경우 흡기 밸브를 개방상태로 해서 공기를 토출시키지 않게하기 위해 흡기 밸브에는 그림3.21과같은 언로우더라고하는 장치가 달려있다.

일주일에 한번은 이 언로우더를 작동시켜 기능을 확인한다. 이것은 파

송풍기, 압축기의 보전작업

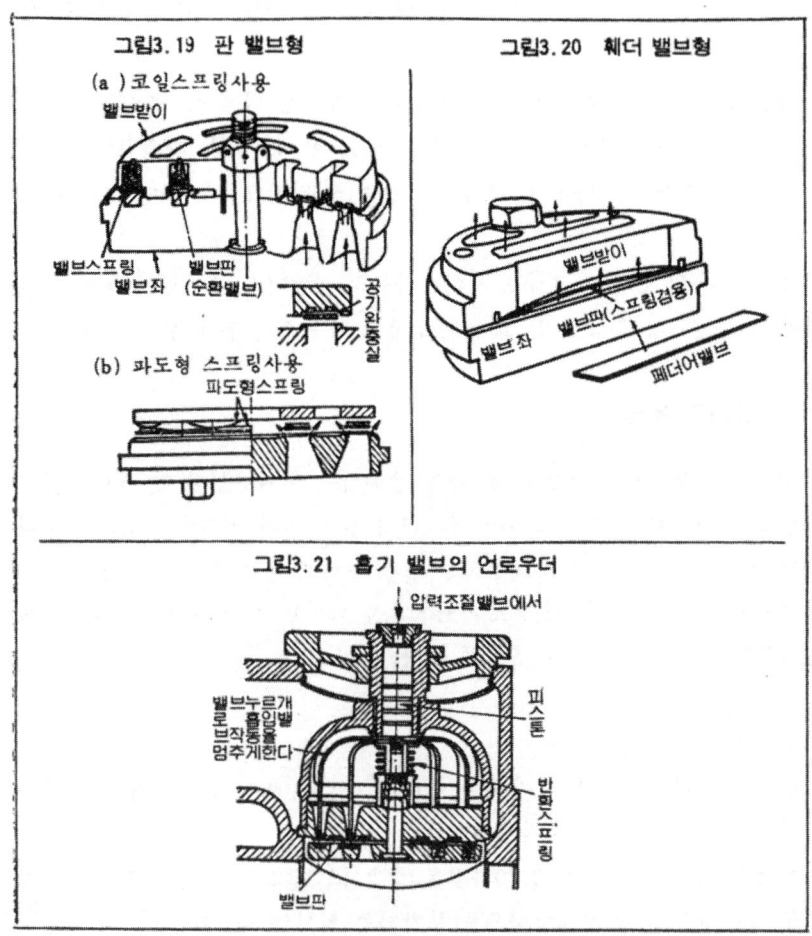

그림3.19 판 밸브형
(a) 코일스프링사용
(b) 파도형 스프링사용

그림3.20 훼더 밸브형

그림3.21 흡기 밸브의 언로우더

일룻 밸브의 설정치를 변동시키면 간단히 작동시킬 수 있다.

항상 정확한 토출 압력을 유지한다는 것은 동력비의 절감에는 없어서는 안될 것이다.

(2) 밸브 판(板)의 점검

밸브 판은 흡입, 압축시 마다 작동을 반복하고 가혹한 조건에 노출되어 균열이나 파손을 일으키거나 실린더 내의 윤활유의 탄화물이 부착해서 작

7. 왕복압축기의 보전의 포인트

동불량을 일으키기 쉬운 것이지만 운전중의 외부에서의 진단은 과열, 진동 이음(異音)이라고 하는 현상과 압력의 상승불량에 의해 판단할 수 있다.

(3) 밸브부의 발열

운전자는 적어도 하루 한번이상 밸브부에 손을 대서 발열의 유무를 점검해야 한다. 손을 대고 있을 수 없을 정도로 발열 돼 있으면 이상하다고 생각할 수 있다.

그 경우는 더욱더 청음봉(聽音棒)이나 드라이버를 귀에 대고 밸브의 작동음을 듣고 확인해 보면 잘 알 수 있다.

(4) 정기교환

보전원(동력 공급부문에서는 운전원이 겸하고 있을때가 많다)은 사용 중의 밸브와 같은 수의 예비품을 항상 정비해 두고 이상이 있을 경우에는 물론 정기적으로 교체한다.

이 종류의 밸브는 한달에 한번은 분해정비를 한다.

2 - 2 윤활유의 관리

복잡한 습동부나 회전부를 갖고 있으므로 윤활유 관리는 중요한 사항이다. 필요한 조건을 종합해 보면

① 고온이 되는 실린더 속에서 발화의 염려가 없는 인화성이 낮은것
② 고온에서의 항(抗)산화성이 높은 것,
③ 탄화 생성물이 적고 슬러지 분산성이 좋다.

등이 필요하며 2단 압축에서는 내연기관용 2호~3호, 1단 압축에서는 터어빈유 2~3호를 가늠으로하는 것이 좋다.

(1) 적당한 급유량

아무리 좋은 윤활유를 써도 실린더 내에로의 급유량이 과다하면 특히 배기 밸브에 부착해서 탄화생성물의 퇴적의 원인이 된다.

압축기를 정지시켰을 때 배기 밸브를 떼내 보고 이것이 기름에 젖어 있지 않을 정도, 적갈색의 녹이 떠 있지 않을 정도가 적정 급유량이다.

(2) 유량의 감소

끼얹기 급유식에서는 윤활유의 자연 감소량에 주의 한다.

소비량의 증대는 피스톤의 오일 링 마모가 원인일 때가 많아 그와 같은 면에서의 체크가 필요하다.

(3) 기타의 점검

오일 쿨러의 급수, 윤활유 압력, 온도등은 적어도 하루에 한번 점검기록을 한 다음 급변은 물론 긴 기간에서의 변화를 캐치해서 원인의 탐구와 적정한 처치를 해야 한다.

2 - 3 기타의 주의사항

① 크랭크 축, 크랭크 핀, 크로스헤드 핀등은 회전운동과 왕복운동이 복합된 힘이 작용한다. 크랭크 축은 볼, 로울러 베어링이 쓰일 경우가 있으나 기타는 미끄럼 베어링이 쓰이고 있으며 베어링 틈새는 통상의 경우보다 30~50% 정도 적게 유지하지 않으면 급속한 마모를 초래할 때가 있다.

② 피스톤 롯드의 그랜드 패킹, 피스톤의 톱 클리어런스등에 대해서는 《기계요소 작업집》시일 부품의 항에서 기술했으므로 다시 한번 참조하기 바란다.

③ 실린더 자켓, 인터 쿨러, 애프터 쿨러등의 냉각수의 공급, 압력 온도, 레시버 탱크의 압력, 안전 밸브의 기능, 전동기의 제어반, 각종 보안장치등 압축기 본체만이 아니라 전반적인 기능의 일상 점검, 청소 유지와 정기 정비, 예비품과 소모품의 관리등 체계적으로 몰두할 필요가 있다 《기계요소 작업집》의 "보전방법의진행법"을 꼭 참조 하기 바란다.

④ 또한가지를 말하고 싶은 것은 법에 의한 규제이다. 공기압축기에 부속되는 탱크, 쿨러류는 극히 소형인 것을 제외하고 $10kg/cm^2$ 이하 에서 쓰이는 것은 제2종 압력용기로서 팬의 항에서 기술한 정기 자주검사의 대상이 된다.

7. 왕복압축기의 보전의 포인트

새로이 설치할 경우는 설치보고를 해야 한다. 또 신작, 개조는 압력용기 규조규격에 따라 인가를 받은 공장에서 유 자격자가 제작해야 한다 이와같은 규제가 있다는 것을 기본으로서 알아 두어야 한다.

또한 압축공기라도 $10kg/cm^2$ 이상이 되면 고압가스 취체규칙에 따라 규제를 받게 된다.

요는 기체를 압축한다고 하는것은 그 반작용으로서의 팽창이라고 하는 현상을 생기게하는 것을 의미하고 그것이 급격하다면 위험도도 크므로 이것들의 설비, 기기를 취급할 때는 충분한 주의가 필요하다.

기계현장의 보전실무
《기능장치집》

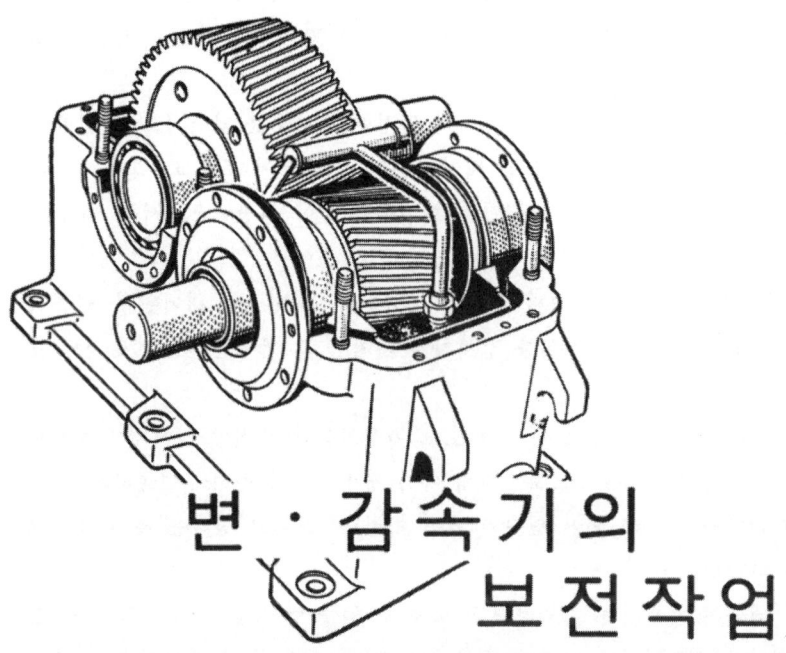

변·감속기의
보전작업

1. 변속장치의 역할

원동력으로부터 동력을 전달할 경우 그 기계에 최적한 회전력과 회전수가 직접 얻어지면 이상적이지만 원동기는 반드시 그와같은 기능을 갖고 있다고는 말할 수 없다.

일반적인 교류 유도 전동기는 거의 일정한 회전수만 얻어지고 또 직류전동기는 비용이 많이든다. 또한 내연기관은 비교적 저 토오크, 고속회전이고 수력 터어빈이나 증기 터어빈도 회전수가 높아 원동력으로서는 특수한 것이다.

그러므로 개개의 기계설비에 적합한 회전력, 회전수를 내기위해 원동기와 부하측 사이에 변속장치를 설치하게 되지만 그 가까운 예를 자동차나 자전거에서 볼 수 있다.

자동차용 내연기관은 고속 저 토오크 원동기의 대표적인 것이지만 자동차는 차량중량이나 속도, 도로상황에 따라 광범위하게 부하가 변동하므로 그것에 대응하기 위해 기어 변속기(기어 미션)이 쓰이고 있다는 것은 잘 알려진 바이다.

또 최근의 자전거는 아무리해도 오를 수 없는 언덕길도 쉽게 오를 수 있고 평탄한 도로에서도 지금까지 이상의 스피이드를 쉽게 낼수있다.

이것들은 변속기에 의해 원동력을 부하에 따른 최적한 조건으로 내서 전동하는 가까운 예라고 할 수 있다.

일반적으로 공장내에서 쓰이고 있는 변속장치는 벨트와 푸울리를 조합한 대단히 간단한 것이나, 어떤 일정한 변속비를 지닌 기어 감속기 혹은 부하나 속도를 검출해서 최적조건을 찾아내 자동적으로 변속하는 기능을 가진 복잡한 것 까지 많은 종류의 것이 쓰이고 있으며 기계설비의 성능을 유지하기 위해서는 이것들 변속장치의 보수보전은 중요한 의의가있다.

▬▬▬▬▬▬▬▬▬▬▬▬▬▬▬▬▬▬▬▬▬ **2. 중요한 기계식 무단변속기의 특징과 보전**

변속장치는 전기식, 유압식, 기계식으로 대별되며 전기식에서는 사이리스터, 파워 트랜지스터등의 반도체와 그것을 쓴 전력 변환제어의 회로에 의한 것이 많이 쓰이게 돼 있으나 이것들은 전기기술 중에서도 엘렉트로닉스의 전문분야에 속한다고 볼 수 있다.

이에 대해서는 전문적인 참고서가 많으므로 그것을 참조하기 바라는 바이다. 또 유압식에 대해서도 각각 전문서적이 나와 있으며 또 이 책에서도 유압 펌프, 유압 액튜에이터로 분리해서 개개의 보전기술을 들고자 생각하고 있다.

그러므로 여기서는 기계식의 것이고 범용성이 높은 것에 대해 종합하기로 한다.

2. 주요한 기계식 무단 변속기의 특징과 보전

이 항의 총 타이틀은「변·감속기의 보전작업」으로 돼 있으나 변속기와 감속기의 구별에 대해서는 확실히 결정된 것은 없다. 일반적으로는 변속이 무단계(無段階)로 하여지는 것을 변속기라고 하고 일정한 비율로 변속하는 기어와같은 경우에 감속기라고 한다.

또 변속한다는 것은 보통으로는 감속하는 것 즉 회전수를 낮춰서 회전력(토오크)을 올리는 사용방법이 많으나 무단 변속기의 중에는 1 : 1 의 전동으로부터 증속, 감속의 양쪽의 기능을 구비한 것도 있다.

이 무단 변속기를 구조적으로 분류해 보면 마찰바퀴식, 체인식, 벨트식 1방향 크러치식으로 대별할 수 있다.

이것들의 개개의 것에 대해서는 그 명칭도 예컨대 메이커의호칭명이거나 혹은 구조, 기능상 붙인 것도 있으나 그에 대해서는 구애받지 않고 보통 불리우는 이름을 써서 설명한다.

1 마찰바퀴식 무단 변속기의 종류와 기구

1-1 바이에르 변속기

그림4.1에 나타낸바와 같이 몇장의 코온 디스크(원추판)와 거기에 대응하는 플랜지 디스크(원추 림달림)가 있고 플랜지 디스크는 훼이스 캠과 스프링으로 눌러져 코온 디스크를 변속 핸들에 의해 그 속으로 밀어 넣어 접촉부분의 반경을 무단계로 바꾸어 변속시키는 것이다.

이 코온 디스크는 원주방향으로 3~8조 배치 돼 있고 대단히 많은 접촉점을 갖고 있으며 케이싱 내에서 유욕(油浴)윤활되어 적정한 점도의 윤활유를 씀으로써 유막윤활의 상태로 운전된다.

1-2 디스코 무단 변속기

이것은 그림4.2와같이 유성(遊星)운동을 하는 코온 디스크를 반경방향으로 이동시켜 접시형 스프링을 가진 한쌍의 태양 플랜지와 접촉시켜 유성코

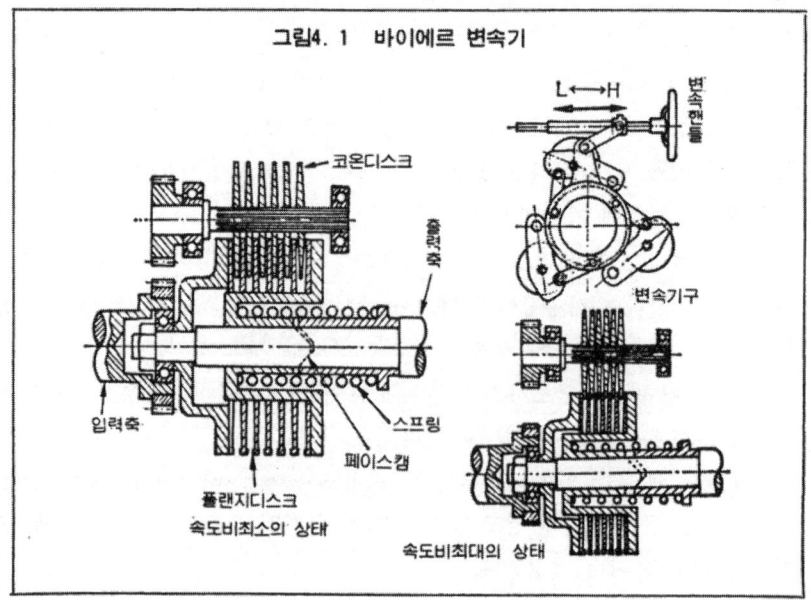

그림4.1 바이에르 변속기

2. 중요한 기계식 무단변속기의 특징과 보전

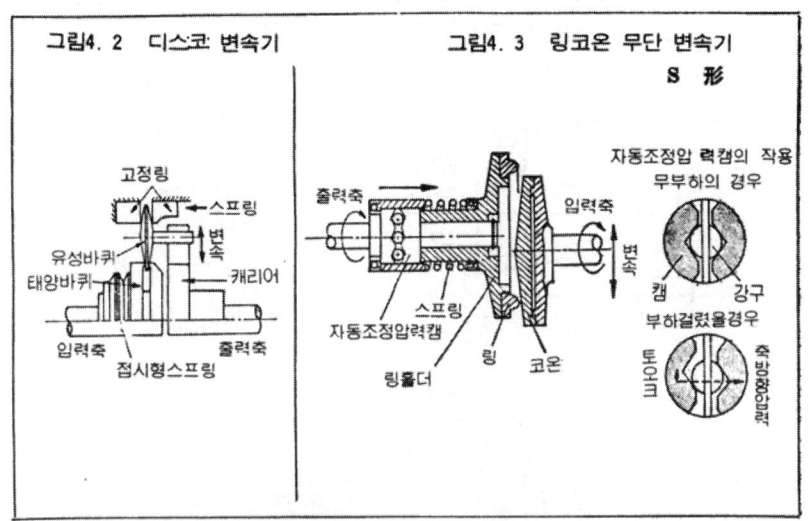

그림4.2 디스코 변속기

그림4.3 링코온 무단 변속기 S 形

온 디스크의 공전을 출력 축으로 빼내는 구조이다.

접촉을 많이 취하지 못하므로 소형이고 0.4~3.7kW정도의 것이 나와있다.

1-3 링 코온 무단 변속기 S형

이것은 그림4.3과같이 원추판(코온)과 외주 림을 가진 링을 스프링및 자동조압(自動調壓)캠에 의해 누르고 원주판을 출력축에 대해 화살표방향으로 이동시킴으로써 변속한다.

원추판, 출력축은 전동기축과 일체로 만들고 케이싱에 편심시켜 설치하며 전동기 케이싱을 일정한 범위내의 각도로 돌려 변속시킨다.

이것도 3.7kW정도로 소형이고 웜기어 감속기와 일체화(一体化)한 극히 저속영역에서 쓰이는 것도 만들어지고 있다.

1-4 링 코온 무단 변속기 RC형

그림4.4(a)와같이 동일 테어퍼를 가진 코온 축을 번갈아 설치하고 그 원주에 링을 접촉시켜 화살표 방향으로 이동시킴으로써 증감속을 하는 무단

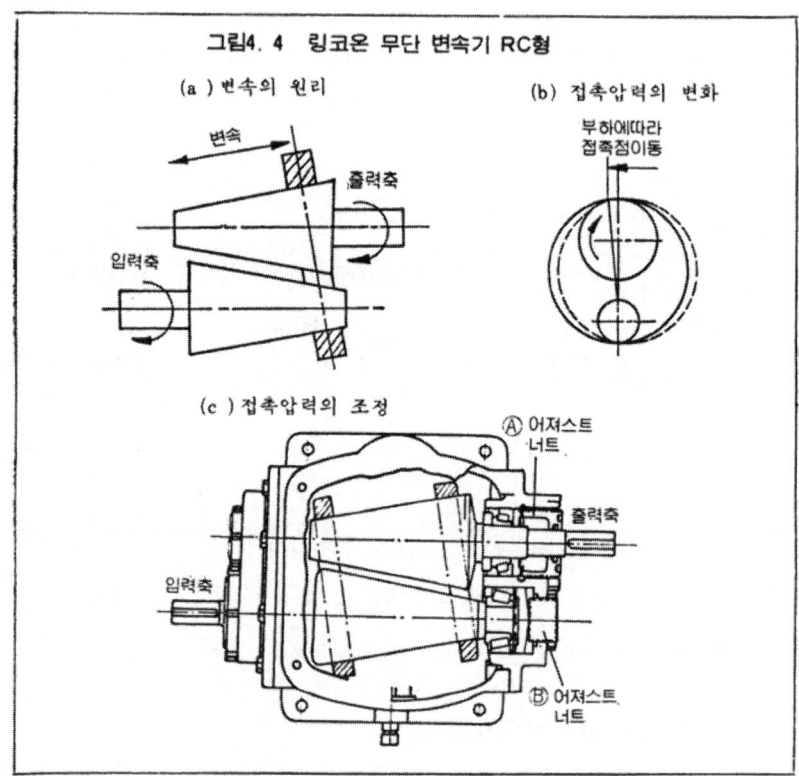

그림4. 4 링코온 무단 변속기 RC형
(a) 변속의 원리
(b) 접촉압력의 변화
(c) 접촉압력의 조정

변속기이다.

이 구조의 것은 코온 베어링이나 접촉면의 친근성 또는 소량의 마모에 대해서는 그림4.4(b)와같이 링이 이동하거나 탄성변형을 해서 부하에 따라 자동적으로 접촉압력이 조정되는 기능을 갖고 있다.

그러나 조립당초부터 슬립하는 상태라면(c)와같이 코온을 서로 밀어 넣어 초기 접촉압력을 조정하는 기구가 반드시 부착 돼 있으므로 메이커의 취급설명서를 잘 보고 정확한 조정을 하지 않으면 안된다.

1 - 5 하이나우H - 드라이브

그림4.5와같이 서로 향하고 있는 코온이 입력 축과 출력 축에 1조씩 설

2. 중요한 기계식 무단변속기의 특징과 보전

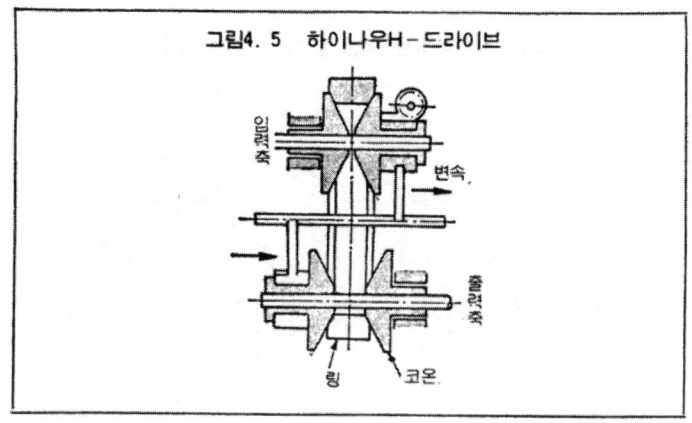

그림4.5 하이나우H-드라이브

치되고 그 사이에 링을 설치한 구조로 돼 있다. 습동 코온을 강제적으로 축 방향으로 이동시킴으로써 입, 출력 축 코온에 대한 링의 접촉위치가 변화해서 무단계 변속을 한다.

코온과 링의 접촉압력은 전술의 링 코온RC형과 마찬가지로 링 자신이 자동조정 기능을 갖고 있으나 조립시에는 입, 출력 축 코온을 중심으로 모아서 초기 접촉압력을 조정하는 기구가 반드시 구비 돼 있으므로 메이커의 취급 설명서를 확인한 다음 정확히 조정하지 않으면 안된다고 생각한다

1-6 링 코온 무단 변속기 유성 코온형

그림4.6(a), (b)와 같이 입력 축에 태양 코온을 비치하고 출력 축에는 원주에 4개의 유성 코온을 부착하며 그 외주에 링이 접촉되어 유성 코온의 표면을 링이 축 방향으로 이동함으로써 유성 콘온 홀더의 공전이 출력 축에 무단계 변속으로서 나온다.

(a)는 유성 코온의 부분이 싱글이고 태양 코온을 전동기 직결로 해서 100 ~450r/m의 중속으로 쓰인다.

또 (b)는 이 부분이 더블이 돼 있고 링도 회전해서 태양 콘온과의 회전

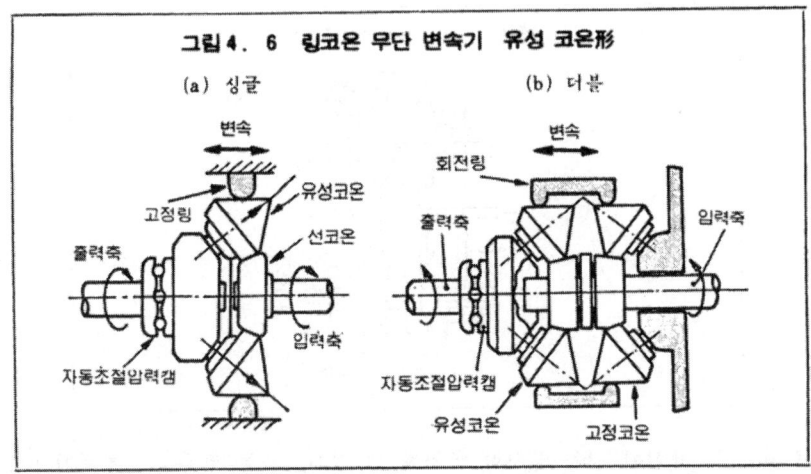

그림4. 6 링코온 무단 변속기 유성 코온形
(a) 싱글   (b) 더블

수의 합성에 의해 입력 축의 전동기 직결로 영(零)회전을 중심으로서 300~350r/m정도의 정, 반대 양회전을 내는 특징을 갖고 있다.

이 변속기의 접촉 압력조정은 이미 그림4.3에 나타낸 자동조정 캠에 의해 행하여 진다. 즉 부하의 증가에 의해 유성 홀더가 태양 코온축으로 이동하고 그와 함께 코온은 코온 핀의 중심선을 따라 화살표 방향으로 이동해서 링의 접촉압력이 증대되게끔 작용한다.

이것도 초기 접촉압력의 조정은 케이싱에 대해 출력 축 베어링의 조립 위치를 심등으로 조정해서 행하게 되므로 취급 설명서를 잘 확인한 다음 정확한 조정을 해야 한다.

1-7 컵 무단 변속기

그림4.7과같이 입력 축, 출력 축에 드라이브 코온을 비치하고 그 바깥 가장자리에 강구(드라이브 볼)을 접촉시켰다.

이 강구(鋼球)는 경사 축에 의해 경사각을 변화시키면 입·출력 축의 드라이브 코온에 접촉하는 접촉반경이 변화되어 무단계 변속을 하게 된다. 강구는 외환(外環)에 의해 바깥측에로의 이동이 제한되고 드라이브 코온에 는 자동조정 캠이 설치 돼 있으므로 부하조건에 따라 강구측으로 밀려서

2 중요한 기계식 무단변속기의 특징과 보전

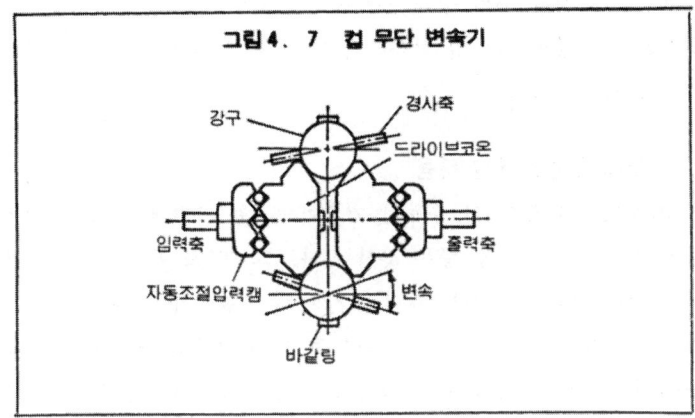

그림 4. 7 컵 무단 변속기

적정한 접촉압이 발생된다.

이것도 초기 접촉압력의 조정은 케이싱과 축 베어링의 조립조정이 필요해지므로 취급 설명서를 잘 확인한 다음 정확한 조정을 할 필요가 있다고 본다.

2 마찰바퀴식 무단 변속기의 보전상의 포인트

이상 마찰바퀴식의 무단 변속기이고 범용성이 있는 것을 들어 보았으나 또 그밖에도 유사한 것이 많이 있다. 그러나 기본구조로서는 큰 차가 없으므로 공통적이고 또한 그대로 보고 넘길 수 없는 취급, 보전상의 포인트에 대해 종합해 보기로 한다.

2 - 1 변속 조작상의 주의

무단 변속기의 변속조작 즉 변속 핸들을 움직이는 것은 보통 회전중이라야만 한다. 예컨대 다음 항에서 기술하는 기어 감속기에서 기어를 이동시켜 맞물리게 하는 것은 정지중이 아니면 안된다고 하는 것과 정 반대인 것이다.

이와같은 점은 지금까지 소개한 그림에 의해 구조, 기능을 보면 충분히 알 수 있다고 보지만 마찰바퀴식의 것은 정지중에는 금속접촉 돼 있어서

무리하게 변속조작을 하면 접촉부가 손상되기 때문이다.

그러므로 회전중이 아니면 변속조작을 할 수 없다는 것이 필요불가결한 조건이라고 할 수 있다.

2-2 분해 전용공구의 사용

이미 소개한 바와같이 이 종류의 변속기에서는 마찰력을 발생시키므로 어느정도 강력한 스프링을 넣은 것이 있다. 그러므로 부주의하게 분해하면 부품이 튀어나와 생각치도 않았던 상처를 당할때가 있다.

분해전에는 캐털러그, 취급 설명서등을 잘 확인하고 스프링 부분의 분해 전용공구가 메이커에서 준비돼 있는 것은 미리 입수해 두던가 자기가 연구해서 상처를 당하지 않게끔 또 무리를 하지 않게끔 분해, 조립을 해야 한다고 생각한다.

2-.3 변속 눈금의 조정

변속기에는 반드시 변속도의 눈금이 나 있다. 특히 분해, 정비등을 시행했을 경우에는 메이커의 취급 설명서나 변속기능을 확인해서 실제의 변속도와 눈금의 지시를 완전히 일치시켜야 한다.

왜냐하면 제조부문에서는 제조조건은 회전수의 눈금을 기준으로해서 작업을 하기 때문이다.

또 정·반회전이 가능한 변속기에서는 실제의 회전의 영(零)위치와 영눈금을 일치시키는 것도 중요하다. 또한 최고회전, 최저회전의 제한과, 눈금의 지시도의 일치도 잊어서는 안된다.

2-4 정확한 윤활

마찰식 무단 변속기는 정확한 윤활이 보수보전의 최대 포인트이다.

그렇게 하려면 우선 메이커가 지정하는 윤활유를 쓰는것이 제일이지만 자기 회사에서 쓰고있는 윤활유와 반드시 일치되지 않을 경우가 있다. 메이커에서 하라고하는대로 윤활유를 쓰면 오히려 윤활유 종류의 증가를 초

▓▓▓▓▓▓▓▓▓▓▓▓▓▓▓▓▓▓▓▓▓▓▓▓▓▓▓ 2. 중요한 기계식 무단변속기의 특징과 보전

래할 뿐이고 윤활관리상의 혼란을 빚을 염려가 있으므로 양쪽을 비교해서 성능이 일치되는 것을 쓰게끔 한다.

또 자기회사의 변속기 운전조건을 잘 봐서 최적 윤활유를 찾아내는 노력도 필요하다.

그러기 위해서는 윤활유의 열화상황을 주기적으로 검사하고 기름누설, 과열, 이물혼입, 수분혼입의 방지, 정기교체등을 잊어서는 안된다.

2-5 축 이음의 점검

이것들의 변속기는 구조, 기능상으로 봐서 베어링 부분에 반드시 스러스트 힘(축 방향의 추력)이 발생하고 있다.

그 때문에 원동부나 부하측의 커플링은 스러스트를 흡수할 수 있는 형식 즉 일반적으로는 휨 이음을 써야한다. 이것에 대한 사세한 것은 《기계요소 작업집》의 축 이음의 부분을 참조하기 바란다.

또 변속기에 커플링을 끼워맞출 경우 강한 힘으로 타격을 가하면 내부의 미묘한 조립, 조정을 불량하게 할 수 있으므로 기름 가열등에 의한 「슈링 케이지 피트」를 이용하게끔 한다. 이것은 분해시에도 당연히 말할 수 있는 것이다.

설비기계를 분해, 조립했을 때 부주의등에 의해 알지못하는 사이에 깨지거나 못쓰게 하는 것을 「빌트·인·트러블」이라고 하며 수리, 보전기술자로서 대단히 창피한 일이다.

2-6 마찰 접촉면의 손질, 수리

어느정도 조립, 조정이나 윤활이 완벽하다해도 이 종류의 변속기는 긴 세월의 사용에 따라 접촉면의 마모나 면이 거칠어짐을 방지할 수 없다. 특히 언제나 자주 쓰이고 있는 범위의 접촉부분이 집중적으로 손상된다.

접촉면은 열처리경화, 연마다듬질이 돼 있으나 평균적인 마모나 다소의 면거칠어짐등은 선반에 걸어서 세밀한 숫돌로 가볍게 고르게 하는 것이좋을 것이다.

그러나 표면 경화충(硬化層)의 박리, 깊은 홈모양의 마모, 회전방향으로 직각으로 난·깊은 상처, 균열, 결손등은 재생불능이므로 부품을 교체한다.

다행히 이 종류의 변속기 메이커는 보수부품의 공급체제나 고장수리, 아프터 서비스등을 잘 해주므로 마음대로 부품을 자기 회사에서 제작해서 교체하지 않게 한다.

2-7 기동·정지의 상태에 주의

급격한 기동이나 정지시에 브레이크를 걸 경우에는 이 변속기에서는 특히 주의하지 않으면 안된다.

즉 기계의 관성(慣性)모우먼트(보통 회전체의 중량과 직경의 2승 GD'로 나타내진다)와 변속기 용량이나 브레이크 힘은 설계단계에서 충분히 검토되는 것이지만 설계상의 불비, 부하, 브레이크 힘의 변동등은 생각하지도 않은 트러블의 원인이 된다.

③ 체인식 무단 변속기의 구조와 보전의 포인트

3-1 체인식의 구조와 특징

이 변속기는 보통 PIV라고도 하며 그림4.8과같이 얕은 홈이 있는 베벨 기어에 특수한 체인을 물려 동력을 전달하는 것이다.

한쌍의 베벨 기어는 한쪽의 산의 면에 대해 다른 쪽의 골의 면이 대향돼 있고 이 사이에 체인이 그림과같이 물린다.

이 특수한 체인은 강제(鋼製)링크와 핀으로 돼 있고 1 피치의 링크에는 가로방향으로 자유로이 움직일수 있는 얇은 강판제의 습동판이 겹쳐서 끼워져 있으므로 베벨 기어와 맞물릴 때, 그 습동판은 자연히 이동해서 양면의 베벨 기어에 튼튼히 물리게 돼 있다.

변속은 입력축 베벨 기어와 출력축 베벨 기어를 연동시켜 축 방향으로 이동시키고 체인의 맞물리기 유효반경을 바꿈으로써 행하여진다.

이 변속기는 구조상 미끄럼은 전혀 없다고 생각되지만 써본 경험으로 말한다면 부하의 증가에 의한 체인 장력의 여유의 변화, 각부의 탄성변동등

2. 중요한 기계식 무단변속기의 특징과 보전

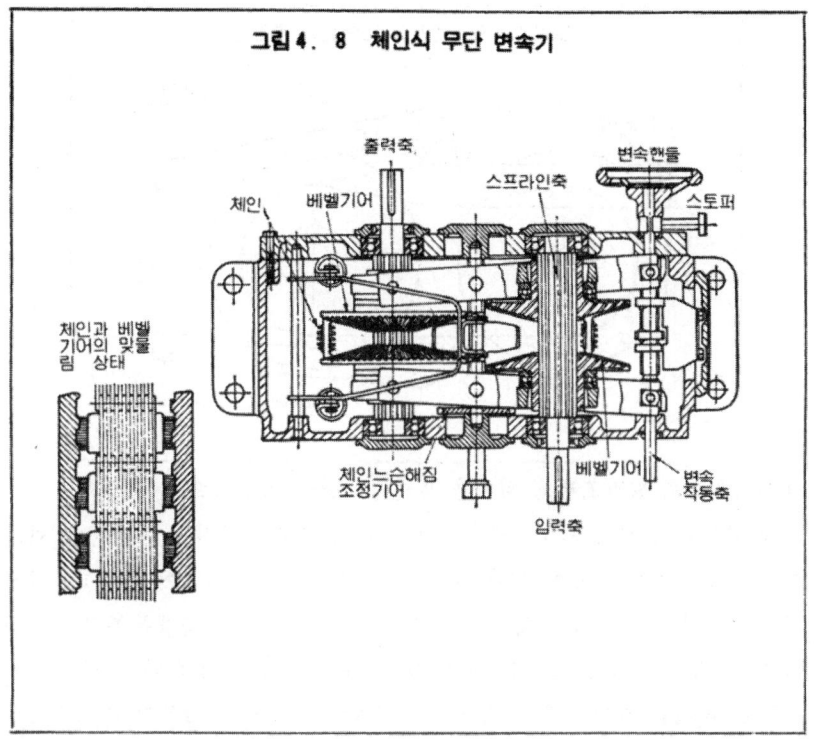

그림4. 8 체인식 무단 변속기

에 의해 유효 맞물림경이 변하거나 습동판이 약간씩 어긋나서 맞물리거나 하므로 다소의 미끄러짐을 볼 수 있다.

또 이 타이프의 것은 입력측 회전수가 비교적 낮으므로 전동기와 입력축의 사이에 다른 감속장치를 넣고 쓰이는 것이 보통이다.

전동기 직결형도 만들어져 있으나 거기에는 입력 축과의 사이에서 기어식의 1단 감속이 넣어져 있다.

3-2 체인식 무단 변속기의 취급, 보전

이 변속기도 마찰바퀴식과 마찬가지로 변속조작은 회전중이 아니면 할수 없다.

변속용의 작동 축은 수동식, 전동식이나 유공식(油空式) 실린더에 의한

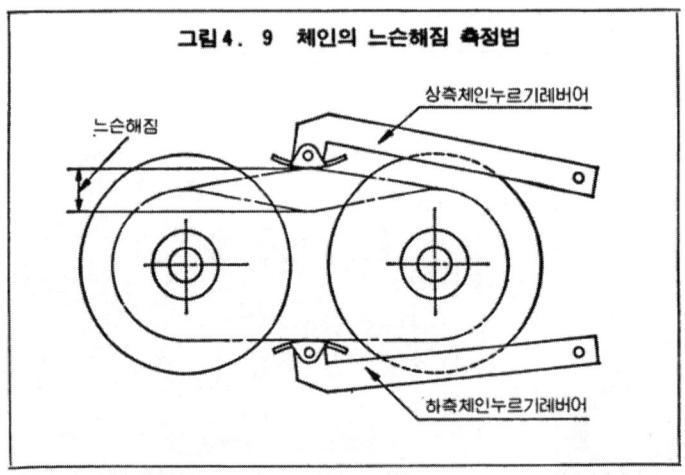

그림4. 9 체인의 느슨해짐 측정법

레버식등으로 원격조작도 되지만 본체의 회전과 인터로크해야 한다.

또 부하측의 정지 브레이크를 듣게하는 방법에 따라서는 마찰식과 마찬가지로 트러블의 원인이 되며 특히 체인 플레이트의 마모가 심하고 마모분(粉)이 윤활유 속에 혼입되며 그것이 또 베어링이나 습동부분의 마모를 촉진시키므로 적정 브레이크 힘의 유지에는 주의가 필요하다.

또한 체인을 거는 정도는 앞에서 기술한 미끄럼이나 마모의 촉진, 효율, 체인 수명에 큰 영향을 미친다.

보통의 사용상태에서 거의 1000~1500시간마다 위의 뚜껑을 열어 그림 4.9와 같이 체인을 손으로 당겨 느슨해진 양을 측정해서 메이커가 지정한 치수내로 유지한다.

나의 경험으로는 보통의 사용방법을 하고 있을 경우 오우버 호울의 주기는 대략5000시간이라고 본다(1 일 10시간 1 년 250일 운전으로 2 년에 한번)또 윤활유의 교환도 1000~1500시간(체인 걸기조정과 같음)을 권장하고 있다.

이와같이 세밀히 보전을 해도 축과 베벨 기어의 끼워맞춤부는 스프라인 때문에 5~6년째 부터 프레팅 코로우존(발생원인은 《기계요소 작업집》 6. 축의 취급과 보전및 포인트의 항을 참조)이 눈에 띄므로 교환의 준비

━━━━━━━━━━━━━━━━━━━━━━━━━━━━ 2. 중요한 기계식 무단변속기의 특징과 보전

를 해두어야 한다.

4. 벨트식 무단 변속기의 특징과 보전

4-1 벨트식의 종류와 특징

벨트식의 변속기는 기본적으로 표준 V벨트와 전용의 광폭 V벨트를 쓰는 것으로 분류된다.

표준 V벨트를 쓰는 것에는 그림4.10과같은 중간바퀴방식이 많고 바리 피치시이브라고 하며 그림중의 화살표 방향으로 이동시켜 무단 변속하는 것이고 그다지 정도(精度)가 높지 않은 경기계용이다.

광폭 전용벨트를 쓰는 것은 그림4.11에 나타낸 체인식과 거의 같은 구조의 것이나 그림4.12(a), (b)와 같은 것이 있다. 이 중에서 가변 피치 푸울리를 1개 쓴 것은 변속하기 위해서는 축간거리를 증감하지 않으면 안된다.

일반적으로 벨트식은 기계식 무단 변속기 중에서도 변속범위나 정도(精

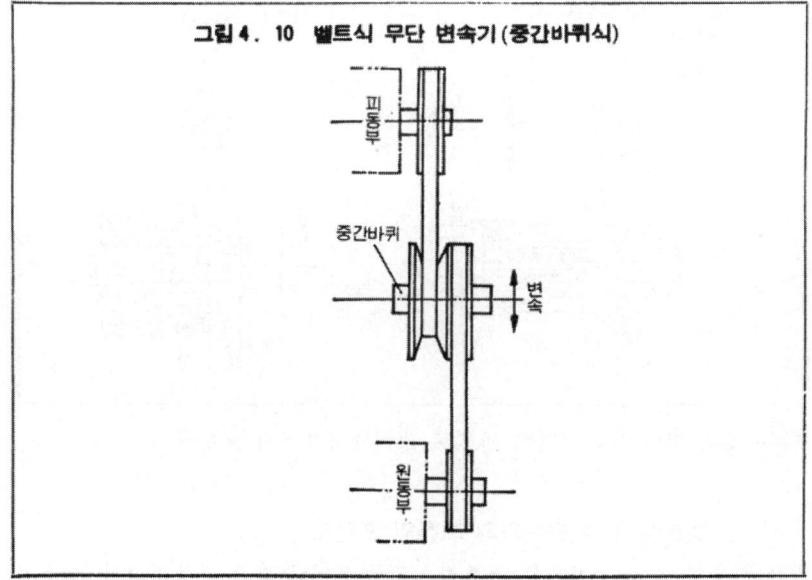

그림4. 10 벨트식 무단 변속기(중간바퀴식)

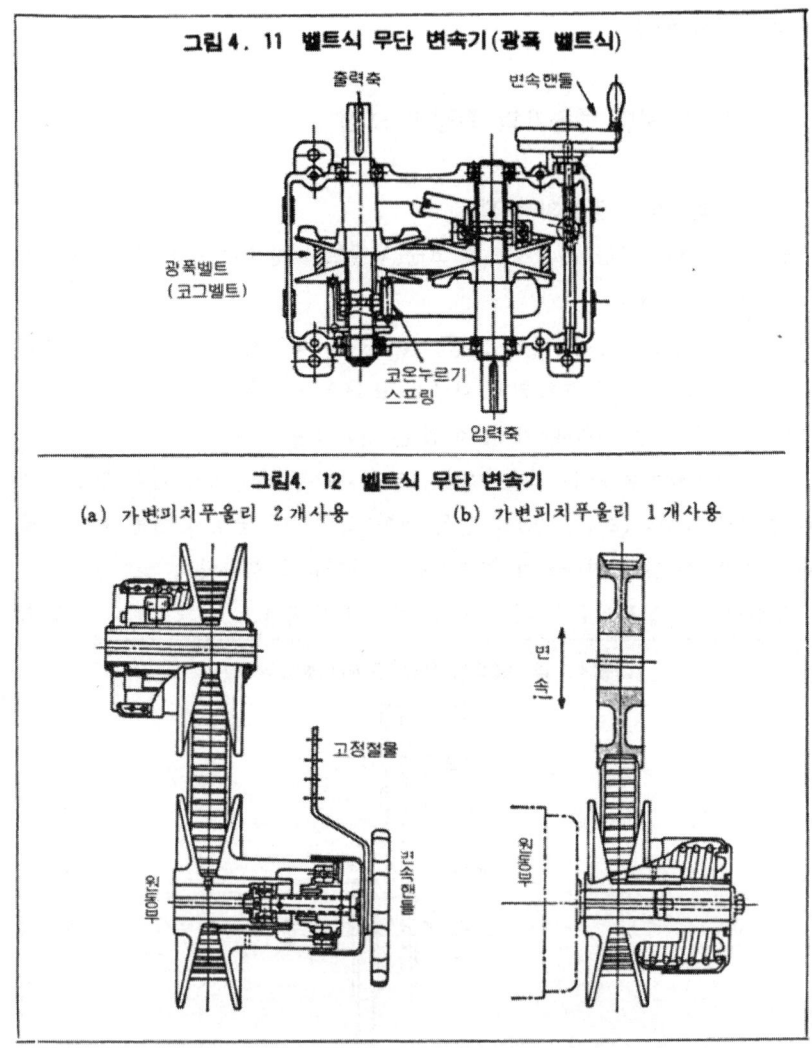

그림4. 11 벨트식 무단 변속기(광폭 벨트식)

그림4. 12 벨트식 무단 변속기
(a) 가변피치푸울리 2개사용   (b) 가변피치푸울리 1개사용

度)는 낮은 편이지만 가격이 싸므로 경기계용으로서 쓰인다.

4-2 벨트식 무단 변속기의 보전의 포인트

이 변속기는 고무 벨트를 스프링으로 누르거나 혹은 푸울리와의 접촉위

2. 중요한 기계식 무단변속기의 특징과 보전

치를 강제적으로 이동시키므로 벨트에 무리가 걸리기 쉽고 수명은 예컨대 표준 벨트를 표준적인 사용방법을 했을때의 1/2~1/3정도이다.

또 가변 피치 푸울리도 체인식과 같이 유욕(油浴)식이 아니므로 피치의 가변기구 습동부는 고무의 마모분등으로 오염되어 윤활불량을 일으키기쉬우며 6개월 내지 1년 이내에는 분해 정비하지 않으면 습동부의 프레팅·코로죤, 녹쓸기, 작동불량등을 자주 일으킨다.

또한 특히 광폭 벨트는 특수 사이즈이므로 납품기일도 길어 예비품관리를 잘 해두어야 한다. 이 종류의 기계가 많을 경우에는 세트로 교환해서 차차 정비해간다고 하는 계획보전을 확립해두지 않으면 안될 것으로 생각하는 바이다.

5 한방향 클러치식 무단 변속기의 특징

이 기구는 그림4.13과같이 입력 축의 회전을 일단 엑센트릭등으로 왕복운동으로 바꾸어 그 스트로우크를 전동 레버의 지점(支点)이동에 의해 가변(可変)으로 해두고 출력 축의 한방향 클러치와 접속한 것이며 출력축의

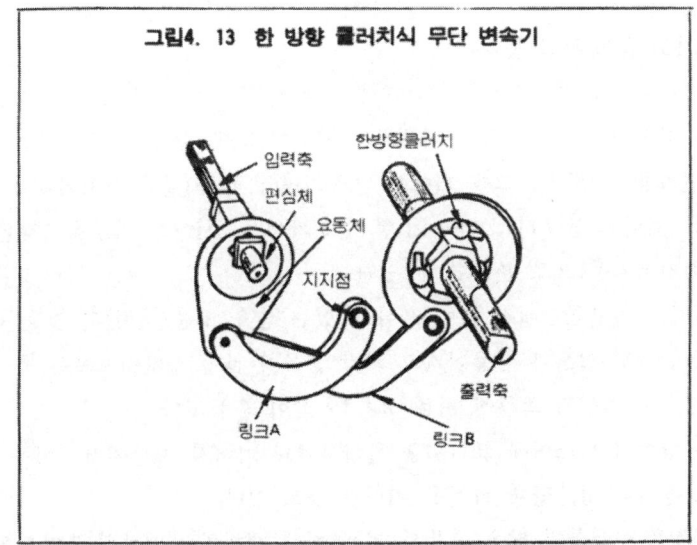

그림4. 13 한 방향 클러치식 무단 변속기

엑센트릭의 위상(位相)을 순차적으로 겹치지 않게 비키어 4~8조를 설치하고 맥동이 적은 출력회전을 얻어지게 한다.

　이 기구의 특징은 0회전에서 최고회전까지 얻어지는 점과, 회전방향이 입력 축의 회전방향과는 관계 없이 한방향 클러치의 회전방향에 의해 결정된다고 하는 점이다.

　단지 효율도 낮고 기구상 대동력 전달은 좋지 않으며 기계의 보조적인 기능으로서 1 kW이하의 소형의 것이 만들어지고 있다.

　이것은 캠, 링크, 핀등이 많이 쓰이어지고 있고 그것들의 마모나 유극(遊隙)의 증가에 따라 차차 효율이 저하되지만 지나치게 혹독하게 해도 원활히 회전되지 않으므로 어느정도의 유극은 하는 수 없다.

　또 유욕윤활되고 있으므로 기름 열화에 주의한다. 열화가 진행되면 변속레버에 어느정도의 힘이 걸려 운전중의 느슨해짐에 의한 트러블이 일어나므로 이 고정기능의 정비에 주의한다.

3. 기어 감속기의 분해·조립과 트러블 슈우팅

1 기어 감속기의 분류

　기어 감속기는 변속장치의 대표적인 것이며 고속(증기, 수력, 가스 터어빈 발전기용, 선박용, 고속 터어보 압축기용), 중속(일반 산업기계 범용 감속기, 기어드 모우터), 저속(소형 정밀기계용, 서어보 기구용, 작은 토오크 회전전달용)으로 분류할 수 있다.

　여기서는 일반공장에서 많이 쓰이고 있는 중속 범용(汎用)의 것을 대상으로 취급하고 있으나 범용이라고 해도 종류가 많아 일반적으로는 축 배치의 형식과 기어의 조합에 의해 표4.1과같이 분류된다.

　기타 감속기 벅스내에 클러치를 설치하거나 기어를 축상에서 이동시켜 다단 감속이나 정, 반대 회전을 시키는 것도 있다.

　그러므로 이것들의 많은 종류의 것에 대해 개개의 보전상의 포인트를 생

3. 기어 감속기의 분해·조립과 트러블 슈우팅

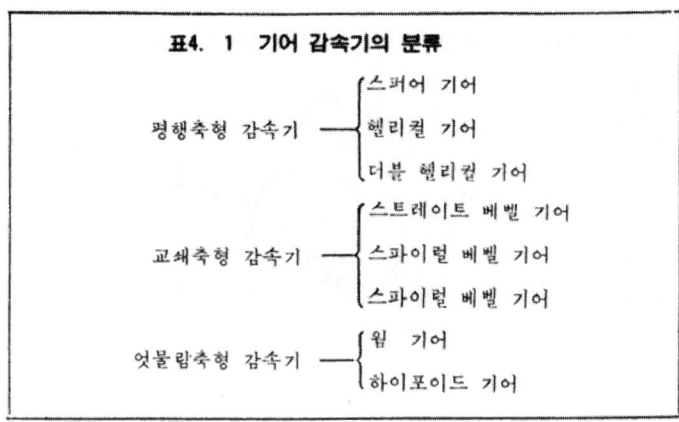

표4. 1 기어 감속기의 분류

각해 본다면 몇가지의 공통점이 있다.

그것을 종합하면 기어, 축, 베어링 및 윤활을 확실히 보전하는데 있다고 말할 수 있다. 기어, 축, 베어링은 기계의 기본요소이며 이 보전실무 시어리이즈의 《기계요소 작업집》에서도 기본이 되는 사항을 많은 스페이스에 기술했다고 본다.

그러므로 여기서는 《기계요소 작업집》에서 기술하지 못한 기어 감속기에 관한 이것들의 욧점을 기술하기로 한다.

2 기어 감속기의 보전의 포인트

2 - 1 기어의 보전

기어의 보전에 대해서는 《기계요소 작업집》에서 일반적 사항으로서 기술했으나 여기서는 감속기에 짜 넣은 것을 정확히 유지하기 위한 욧점을 종합한다.

(1) 스파이럴 베벨 기어, 웜 기어의 이 닿음면에 대해

스퍼어 기어나 헬리컬 기어, 스트레이트 베벨 기어등 초기의 이 닿기의 기준에 대해서는 《기계요소 작업집》에서 기술한 바이지만 인터섹팅 액시스형 감속기에 쓰이는 스파이럴 베벨 기어는 조립하고 적색 페인트로 체크한 닿는 면과, 부하를 걸고 운전하고 있을때는 이의 힘, 베어링의 탄성 왜

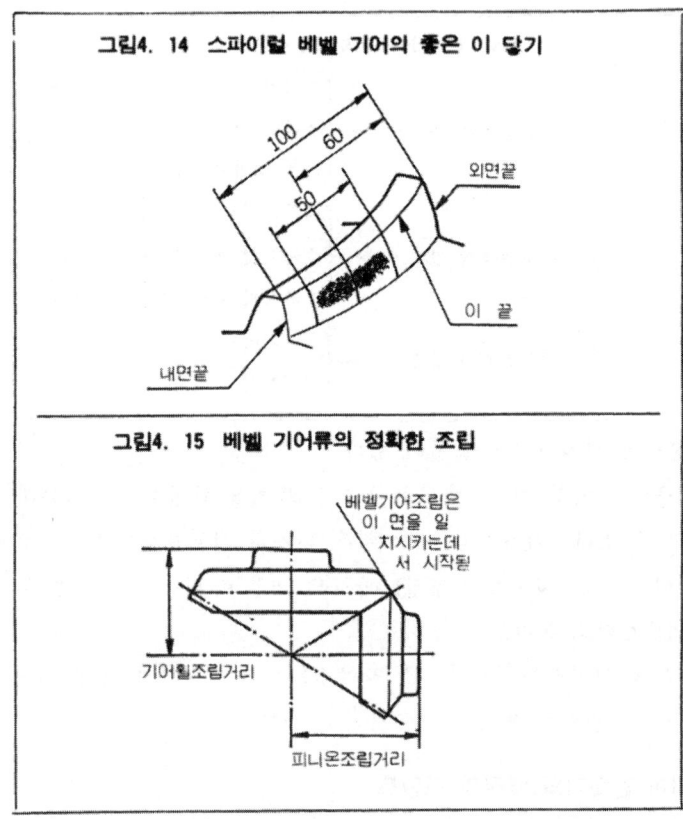

그림4. 14 스파이럴 베벨 기어의 좋은 이 닿기

그림4. 15 베벨 기어류의 정확한 조립

곡등에 의해 약간 닿는 면이 이동하므로 미리 이동량을 예지(予知)해 둔다.
 예컨대 그림4.14와같이 닿는 중심을 이의 폭의 내측으로 약10%정도 어긋나게 해둔다. 이것은 기어 조립시 그림4.15와같이 이 내기할 때의 기준면인 배원추면(背円錐面)을 일치시켜 조립거리를 조정한다.
 우수한 기어 메이커의 것은 정확한 조립의 거리치수를 기어에 각인하거나 또는 조립도에 명시 돼 있다.
 이에 대해서는 나의 긴 경험으로는 2~3번 있었던 일이다.
 다음의 웜 기어 감속기의 경우는 웜 휠의 이 닿기 면을 그림4.16과같이 약간 중심을 어긋나게 해둔다. 이것은 웜이 회전해서 휠 기어에 미끄러져

3. 기어 감속기의 분해·조립과 트러블 슈우팅

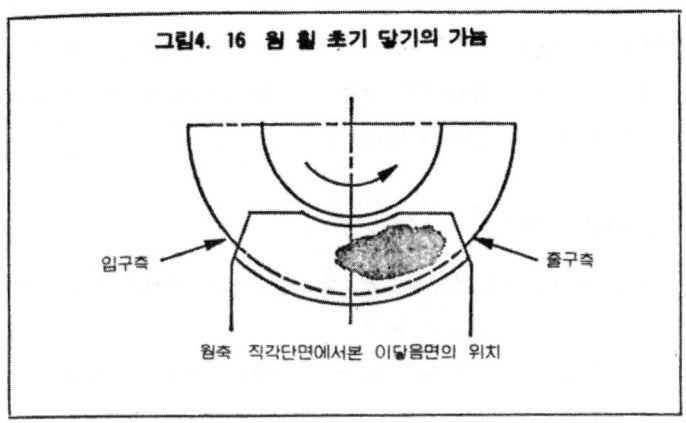

그림4. 16 웜 휠 초기 닿기의 가늠

들어갈때 윤활유가 쐐기 모양으로 들어가기 쉽게 하는 것이며 이것도 내가 많이 경험한 바이다.

이와같이 조립의 조정을 위해서는 웜 기어에 적색 페인트를 칠해서 점검창(点検窓)이 있는 것은 거기에서 확인하고 없을 경우에는 한번 더 웜기어를 분해해서 웜 휠의 닿는 정도를 확인한다.

만일 정확하지 못하다면 웜 휠의 베어링 누르개에 심을 물리는등해서 웜 휠을 적당한 위치까지 이동시킨다.

이와같이 웜 기어 감속기를 정확히 조립했다면 이마만큼의 수고로 조립했으므로 충분히 그 대가만큼 긴 수명을 갖게할 수 있다.

(2) 기타의 웃점

기어의 보전에 대해서는 《기계요소 작업집》에 상세히 기술했으나 감속기에 짜 넣어진 것을 유지하는 조건을 한번 더 간단히 요약하면
① 정확한 윤활의 유지
   적정 유종, 유량, 유압, 유온, 성상의 파악과 유지
② 치면 마모상태의 파악
   초기마모에서 정상마모로 무리없이 이행하고 그 상태가 파악 돼 있을 것.

변·감속기의 보전작업

③ 이상의 조기발견

이것들 기어만에 한하지는 않지만 우선 기계 운전원이 기어의 이음이나 진동등에 대해 평상시와 변동이 없는 상태인지 아닌지 감각적으로 느끼는 훈련이 돼 있어야 한다.

2-2 축의 끼워맞춤

축의 보전에 대해서도 《기계요소 작업집》에서 상세히 취급했으나 끼워맞춤이 가장 중요한 포인트가 된다.

끼워맞춤 불량과 프레팅 코로우존에 대해서는 이책에서 몇번 기술했으나 여기에 그 좋은 예를 하나 소개한다.

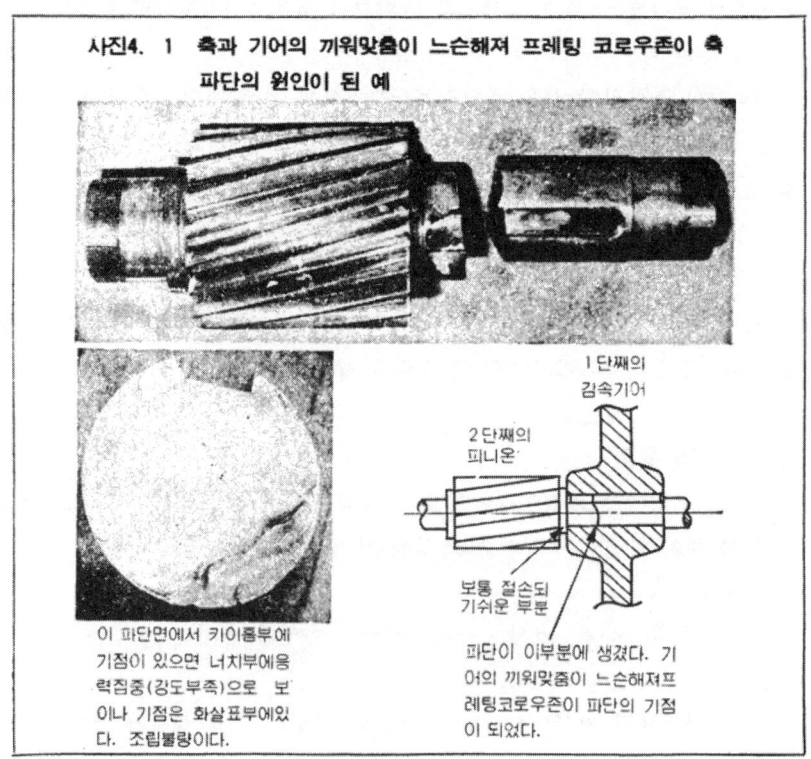

사진4. 1 축과 기어의 끼워맞춤이 느슨해져 프레팅 코로우존이 축 파단의 원인이 된 예

이 파단면에서 카이홈부에 기점이 있으면 너치부에응력집중(강도부족)으로 보이나 기점은 화살표부에있다. 조립불량이다.

파단이 이부분에 생겼다. 기어의 끼워맞춤이 느슨해져프레팅코로우존이 파단의 기점이 되었다.

3. 기어 감속기의 분해·조립과 트러블 슈우팅

사진4.1은 250kW기어 감속기의 축이 절손됐을 때의 파단면을 근접촬영한 것이다.

보통 축은 기어의 끼워맞춤부에서는 반복 굽힘응력을 받아 키이 홈의 부분이나 단(段)이 생긴부분에 응력이 집중하여 그 부근이 파단의 기점이될 경우가 많으나 그 경우에는 키이 홈과 정반대측에 파단의 기점이 있다. 이것은 축이 키이 홈을 갖고 있어도 설계강도적으로는 전혀 문제가 없는데도 불구하고 기어의 끼워맞춤 불량때문에 휨이 생기고 끼워맞춤 면에 프레팅 코로우죤이 발생해서 그것이 파단의 기점이 된 것이다.

사진4.2는 300kW감속기이고 역시 기어의 끼워맞춤 불량에 의해 키이가 느슨해져 키이 홈이 이상마모돼서 이 부분에서 파손됨을 나타낸다.

이와같은 끼워맞춤 불량은 조립시 주의해면 충분히 예방할 수 있고또 균열이 진행해서 파단되기 까지는 수10일에서 수개월간을 경과된 것으로 보이며 기계 운전원이나 보전맨이 이상을 찾아내는 능력이나 노력이 부족하다고 할 수 있다.

다음에 그림4.17의 것은 고, 중, 저속의 3단계로 감속되는 것이지만 출력 축상에 기어를 미끄러지게 할 경우 스프라인 축이 많이 쓰이고 또 간단한 경우에는 미끄럼 키이도 쓰이고 있다.

하여간 축과 기어 내경에는 유극(遊隙)이 있으나 변속위치를 때때로 바

사진4. 2 끼워맞춤불량에 의한 축 파단의 예

화살표부에 파단의 기점이있고 끼워줌불량→키이 느슨해짐이 원인

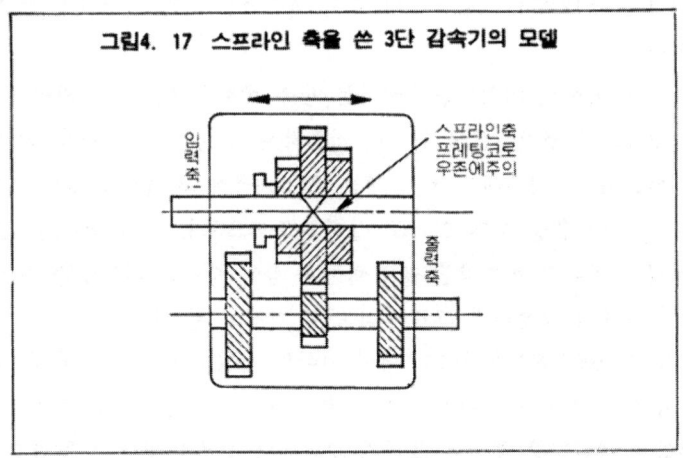

그림4. 17 스프라인 축을 쓴 3단 감속기의 모델

꾸는 사용방법에서는 틈새에 윤활유가 들어가 의외로 마모되지 않으나 특정한 위치에서 수개월 이상이나 쓸 경우 윤활유의 돌기도 나쁘고 기름이 밀려나와 프레팅 코로우존을 일으켜 녹이 나서 다른 위치에 이동할 수 없거나 분해 불능도 될 수 있다.

이와같은 사태가 되면 감속기의 기어 전동으로서는 치명적이라고 아니할 수 없다.

어떻게 해서라도 이와같은 상태는 방지해야 하지만 제조현장에서의 기계의 운전조건을 보전부문이 파악한다는 것은 힘든 문제이므로 운전자와 자주 연락해서 몇일에 한번정도는 미끄럼 기어를 전역에 걸쳐 이동시키고 급유와 녹 방지를 도모하게끔 타협해서 서로 협력을 한다.

2-3 베어링 조립의 포인트-베어링의 고정에 대해

(1) 대형 스퍼어 기어 감속기의 경우

감속기에 볼 앤드 로울러 베어링을 썼을 경우는 《기계요소 작업집》" 8 베어링 조립의 웃점"에서 기술한대로 세가지 기본구조의 어느것인가가 적용되지만 그것은 베어링 간격과 하우징의 제작오차나 열팽창, 수축의 대응책을 필요로 하기 때문이다.

3. 기어 감속기의 분해·조립과 트러블 슈우팅

그림4.18에 나타낸 것은 전형적인 대형 스퍼어 기어 감속기의 예이다.

이것의 구조를 보면 우선 입력축 A부의 베어링은 축 방향으로 고정돼 있다. 마찬가지로 B부는 후리이로 돼 있다. 또 중간 축 C부가 고정 되고 D부가 후리이가 되며 출력 축에 대해서도 F부가 고정되고 E부가 후리이로 돼 있다.

라고 하는 것은 여기에 하나의 법칙이 있다. 그것은 입력 축, 출력 축 모두 커플링측이 고정 돼 있는 것이다.

이것은 반 커플링측의 베어링을 고정했을 때 축의 팽창, 수축에 의해 커플링의 틈새 증감을 방지하기 위해서이다. 라고 하는 것은 일반적으로 감속기 벅스는 외기에 접해 있으므로 축 보다도 팽창, 수축은 적다고 보기 때문이다.

또한 이 감속기는 세밀한 설계가 돼 있다. 우선 베어링 케이싱이 감속기 벅스와 별개로 돼 있다.

베어링의 외륜(外輪)끼워맞춤은 보통 클리어런스 피트로 돼 있기 때문에 운전하면 하우징을 마모시킬 때가 있다. 그와같은 때 감속기 벅스를 보오

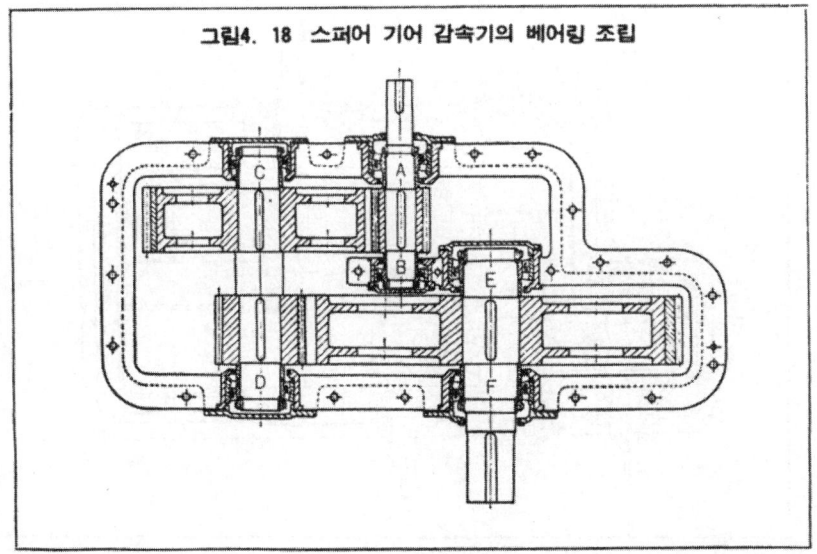

그림4. 18 스퍼어 기어 감속기의 베어링 조립

변·감속기의 보전작업

링 가공해서 이와같은 베어링 하우징을 부착할 수 있게 개조, 수리를 하지만 이 설계에서는 처음부터 그와같이 만들어져 있다.

그러나 베어링을 축에 조립하기는 약간 힘들다.

(2) 헬리컬 기어와 더블 헬리컬 기어를 쓴 감속기의 경우

그림4.19는 어느정도 대형의 2 모우터 드라이브 방식의 헬리컬과 더블 헬리컬 기어를 쓴 감속기이다.

입력 축은 2개가 있으나 이것도 커플링측의 A, C부가 고정 돼 있다. 헬리컬 기어는 토오크의 일부가 스러스트를 발생시키므로 특히 축 방향의 고정에는 주의해야 한다.

또 중간 축도 E부 고정, F부 후리이로 돼 있다.

또한 제2단의 감속기어는 더블 헬리컬 기어이므로 스러스트는 발생되지 않는다.

출력 축 기어는 피니온 측의 더블 헬리컬로 위치가 결정되므로 G, H모

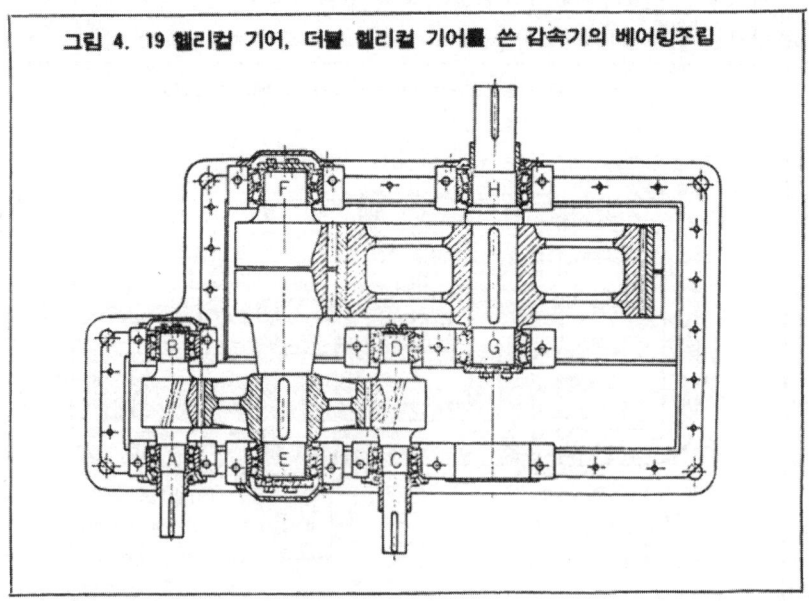

그림 4. 19 헬리컬 기어, 더블 헬리컬 기어를 쓴 감속기의 베어링조립

3 기어 감속기의 분해 · 조립과 트러불 슈우팅

두 후리이로 돼 있다.
　이와같이 이의 종류에 따라 베어링의 고정은 합리적인 고려방법이 돼있 음을 충분히 이해해둔다.

2 - 4 기타의 보전상의 주의점
(1) 중요한 커플링의 중심내기
보통 감속기는 독립해서 설치 돼 있다. 대형인 것은 독립된 기초에 설치되고 소형이라면 원동기나 출력측 기계와 동일기초나 베이스 위에 설치되는 것이다.
　그 경우 커플링의 중심내기는 어디까지나 높은 정도(精度)가 요구된다. 기초의 불량은 물론이고 코몬베이스라고 해서 안심하고 중심내기를 쉽게 생각하면 안된다.
　감속기의 진동이나 베어링의 조기마모의 원인에는 중심내기 불량이 제일 많은 것이다.

(2) 윤활관리가 수명을 결정한다.
어떤 외국의 플랜트 엔지니어 협회가 설비관리에 관한 조사단을 구라파, 미국에 파견하고 있었으나 그 보고서에 의하면 미국의 어떤 회사에서는 설비의 윤활유를 수10시간 마다 자동적으로 샘플링해서 윤활유 속에 혼입돼 있는 니켈, 크롬, 철분의 함유량을 분석하고 그 양의 다소에 따라 베어링이나 치면의 마모상태를 검출하는 장치를 개발하고 있다고 보고해 왔다.
　나는 감속기의 윤활유는 거의 1000시간 마다 샘플을 빼내고 윤활유 메이커에 분석을 의뢰해서 정기적인 윤활유의 열화상황 체크를 제창하여 실천하고 있으나 윤활유에 혼입된 이물은 금속분도 포함해서 불용해분으로서 분석보고 되게끔 돼 있다.
　자기 회사의 설비에서 돌발고장에 의해 중대한 손실이나 재해를 초래하는 것에 대해서는 이 윤활관리뿐만 아니라 여러가지 성능을 정상과 이상으로 분류해서 여지예측할 수 있게끔 보전기술향상에 노력해야 한다.

2 - 5 유성(遊星)기어 감속기의 구조와 보전

이 감속기의 기본구조는 그림4.20과같이 독특한 회전기구를 갖고 있다. 즉 태양을 중심으로 해서 지구가 자전을 하면서 공전하는 것과 비슷하므로 이와같은 이름이 있다.

간단한 것은 체인 블록의 감아 올리기 기구나 전동 호이스트의 와이어 말아올리기 드럼의 구동에도 쓰이고 있으나 약간 정도(精度)가 높은 것은 기어드 모우터의 일종이나 더욱 고성능의 것은 자동차의 자동 변속장치의 증속기구로서 쓰이며 또 이 기구와 같은 종류의 차동(差動)기어 장치는 자동차의 구동계에 디화렌셜 기어로서 쓰이고 있다.

일반공장에서는 로우프나 시이트 모양의 것의 간단한 감기변속기에 쓰일 때도 있으나 사이클로 감속기가 범용성을 지니고 있으므로 여기서는 그것을 예로 들어 구조와 보전상의 웃점을 기술한다.

(1) 사이클로 감속기의 구조

이 감속기는 잇수의 차 1매의 내접식(內接式)유성 기어 감속기라고 할 수 있다. 즉 이 감속기의 원리는 그림4.21(a)와같이 고정된 속 기어에 내접하는 잇수가 1매 적은 유성 기어가 있고 그 중심부의 크랭크를 화살표 방향으로 1회전시키면 유성 기어는 고정 기어와 맞물리면서 이 한개분의

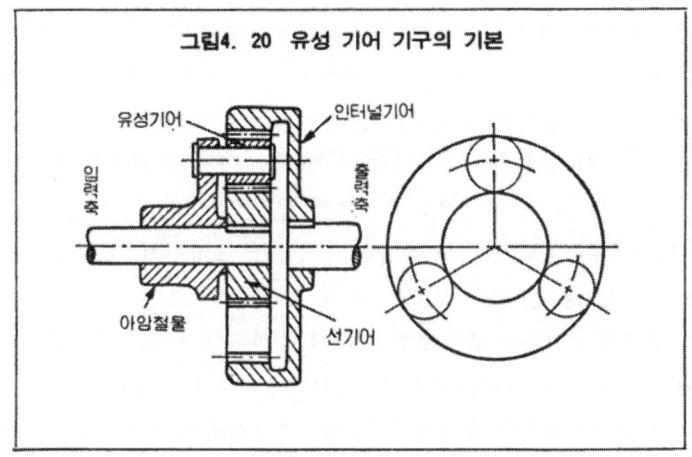

그림4. 20 유성 기어 기구의 기본

3. 기어 감속기의 분해·조립과 트러블 슈우팅

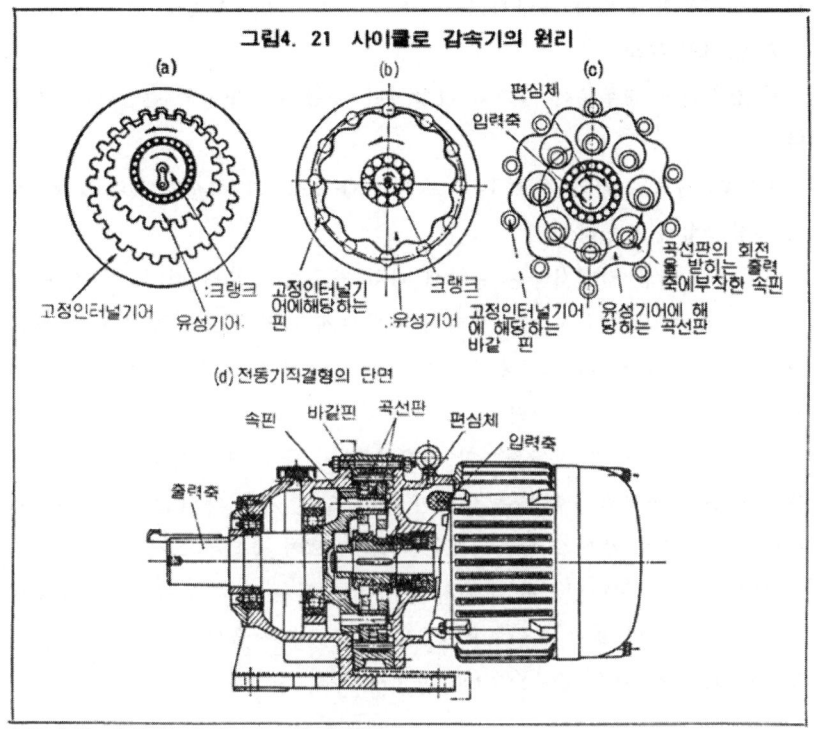

그림4. 21 사이클로 감속기의 원리

각도만큼 화살표 방향으로 공전한다.

이 경우 인볼류트 치형에서는 이끝간섭이 크므로 (b)와같이 사이클로이드 곡선으로 하고 인터어널 기어의 이는 핀으로 바꾸었다. 크랭크 축을 입력으로서 회전시킨면 유성 기어는 이수분(齒數分)의 1로 감속된다.

최종적으로는 (c)와같은 형태로 되어 유성 기어의 회전을 내측(內側) 핀에 의해 출력 축으로 끄집어져 나오게끔 연구 돼 있다.

전동기 직결형의 조립 단면도를 (d)에 나타냈다.

현재 만들어지고 있는 것은 최소 잇수 11매로부터 최대 87매까지의 것이 있고 1단식에서는 그것이 입력 축 대 출력 축의 감속비가 된다.

전항에서 기술한 바이에르 무단 변속기와 조합해서 극히 저속영역의 무단 변속으로 하거나 이 기구를 더욱더 2~6단으로 조합해서 1/121로부터 수백억분의 1 까지 대단히 큰 감속비가 얻어지는 특징을 갖고 있다.
   (2) 보전의 웃점
   이 감속기도 대부분이 미끄럼 마찰이며 윤활은 보전상의 큰 포인트가 된다.
   1 kW이하의 소형의 것에서는 그리이스를 쓰고 그 이상의 것은 유욕(油浴)윤활방법이 쓰인다.
   메이커의 취급 설명서에는 윤활에 관한 사항으로 부터 설치, 중심내기, 분해, 조립등 보전의 웃점이 상당히 세밀하게 나와 있으므로 충분히 참고해야 하지만 이 시어리이즈에서 기술한 기본이 되는 점을 잘 몸에 배게 해두면 충분히 보수할 수 있다.
   단지 입형(立形)의 기름윤활의 것은 내부의 출력 축에 캠을 부착하고 기름 펌프를 작동시켜 순환하는 구조가 되며 일단 기름 파이프를 외부에로 유도하여 상부로 부터 토출시키게끔 하고 있으며 유도관 도중에 오일 시그널(기름이 통과하고 있으면 내부의 볼이 회전하는 것이 보인다)이 널치돼 있으므로 일상의 체크 포인트로 하고 또 케이싱과 출력 축부의 시일은 기름 누설에 의한 결유(缺油)사고의 방지상 특히 주의한다.

2 - 6 진동측정에 대해
   팬이나 펌프의 항에서 진동측정에 의해 기계의 성능의 열화상태를 알수 있다 라고 기술했다.
   이것도 간단한 기계의 경우에는 거의 문제는 없으나 기어 감속기와 같이 회전수가 다른 축이나 많은 기어가 맞물림을 가진 것에서는 단지 진동의 측정만으로는 내부의 불량을 예측하기가 힘들다.
   축, 커플링, 클러치, 기어등의 밸런스의 불량, 휨, 왜곡이나 이의 면의 마모등 복잡한 요소가 엉켜서 진동이 되므로 보다 적확한 판단을 내리기위해 진동 그 자체를 더욱더 세밀하게 분석할 필요가 있다고 생각하는 바이다.
   그러므로 여기서는 우선 진동에 관한 기본적인 점에 대해 약간 기술하기

3. 기어 감속기의 분해·조립과 트러블 슈우팅

로 한다.

(1) 진동에 관한 기본사항

예컨대 어떤 부위에서 잡은 진동을 시간적으로 확대해 보면 그림4.22 와 같이 파형(波形)으로 나타낼 수 있다.

여기서 진폭의 크기는 진폭에 따라 나타내져 있음을 알 수 있다. 계기에 의해서는 편(片)진폭을 나타내는 것도 있으므로 그 경우는 2배로해서 언제라도 μ(미크론 1/1000mm)으로 나타낸다.

진동은 파도의 형태로 반복하고 있으므로 산의 정점(頂点)과 골 밑의 부분은 속도가 0이고 중심부의 속도가 최대가 된다. 이것을 진동속도라고하며 단위는 mm/sec를 써서 진동의 강도를 나타내고 있다.

또 진동과 속도에서 가속도가 유도된다. 가속도의 단위는 G가 쓰이지만 G는 중력의 가속도이며 g=980cm/sec 로 나타내진다.

또한 진동이 1초사이에 반복하는 주기를 주파수라고 하며 사이클은 Hz (헤르츠)로 불리운다.

또한 기계가 회전에 의해 일으키는 소리 즉 소음은 실제로는 진동에 의한 소리가 많다. 진동과 소음은 밀접한 관계를 갖고 있으나 실제의 기계의 고장을 확인하기 위해서는 다음에 기술하는 진동분석이면 충분하므로 소음에 대해서는 여기서는 생략한다.

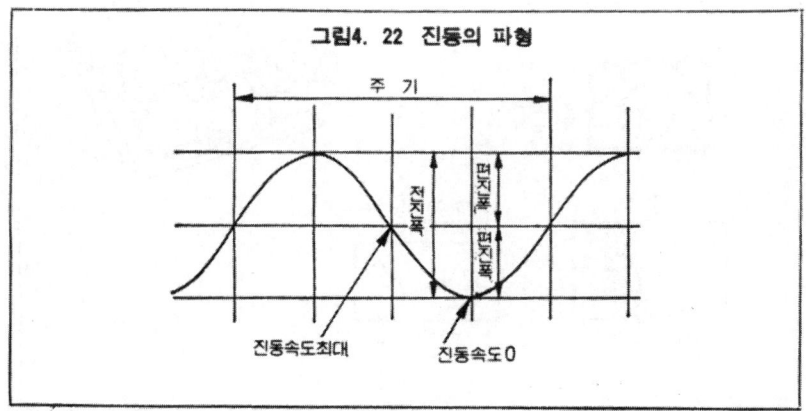

그림4. 22 진동의 파형

(2) 주파수 분석에 대해

진동은 기계의 회전에 따라 전주면(転走面)이나 습동면(摺動面)이 약간 닿아서 일어나는 것이므로 진동을 측정하는데 있어서 각 축의 회전수나 기어의 맞물림 회전수를 전동기 회전수에서 계산해서 진동발생원의 기본주파수(Hz로 나타냄)로서 명확히 해둔다.

그리고 예컨대 그림4.23의 시스템에 나타낸 픽 업, 진동분석계, 레벨코오더에 의해 다음의 점을 조사해 본다.

1. 기본 주파수에 있어서의 진동속도(진동의 강도를 나타냄)를 세로, 가로 축 방향의 3위치에서 측정기록 한다.
2. 상기와 마산가지 방법으로 진동 가속도의 측정을 한다.
3. 예컨대 표4.1과같이 ISO(국제표준)규격의 진동 판정기준과 비교해서 진동의 강한부위의 양, 부를 종합적으로 판단한다.

나의 경험으로는 고주파시에 높은 가속도를 나타내는 것은 베어링, 치면의 손상의 경우가 많고 저주파시에 가속도가 높은 것은 기어나 베어링의 끼

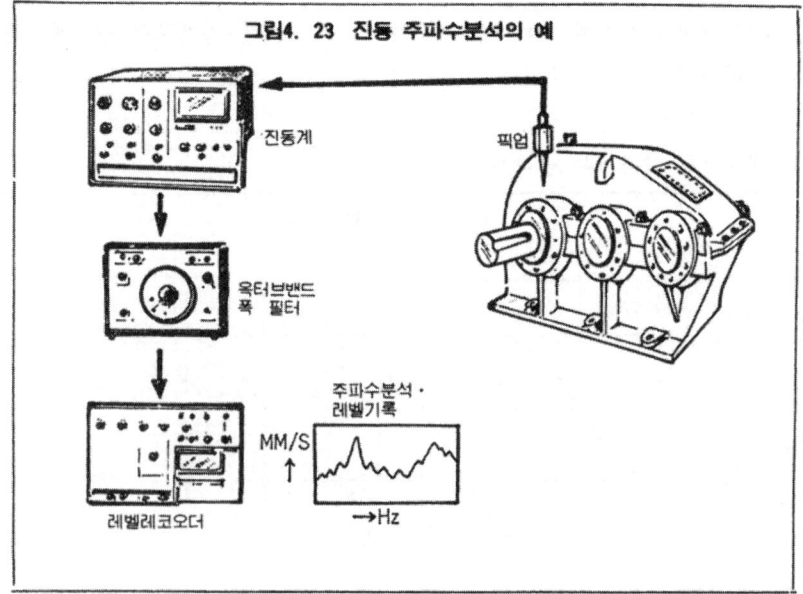

그림4. 23 진동 주파수분석의 예

3. 기어 감속기의 분해·조립과 트러블 슈우팅

표4. 1 ISO규격에 의한 진동 판정기준

A······양　호
B······약간양호
C······약간불량
D······불　량

(전진폭 단위 μ)

	소형기계	중형기계	대형기계	터어보기계
0.28 이하	A	A	A	A
0.28 ~ 0.45				
0.45 ~ 0.71				
0.71 ~ 1.12	B	B	B	
1.12 ~ 1.80				
1.80 ~ 2.80	C			
2.80 ~ 4.50		C	C	B
4.50 ~ 7.10	D			
7.10 ~ 18.0				C
18.0 ~ 28.0		D	D	
28.0 ~ 45.0				D
45.0 ~ 71.0				
71.0 이상				

위맞춤의 풀림, 키이 마모등의 경우가 많았다.

　이상 진동측정의 경우의 특히 주파수 분석의 개략과 요인을 기술했으나 기계의 종류나 측정기에 따라서도 실제의 시행하는 방법에는 다소의 틀림이 있을지도 모르지만 요컨대 보다 높은 정도(精度)의 측정 검사법의 하나로서 금후의 참고로 해주기 바란다.

기계현장의 보전실무
《기능장치집》

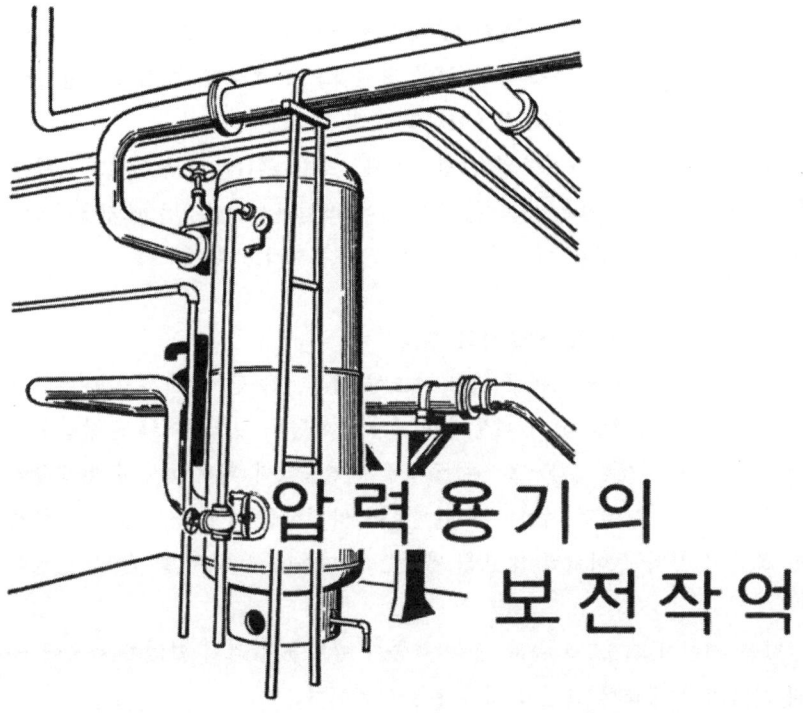

압력용기의 보전작업

1. 압력용기의 취급과 보전의 기초

1 제1종 압력용기에 대해

이 용기는 구체적으로는 가열조, 가열 탱크등이고 이중조(二重槽)혹은 직접 열원을 흡입하는등 온도와 압력이 걸린것으로 해석할 수 있으며 용량에 따라서는 소형 압력용기의 취급이라고도 할 수 있다.

일반공장에서는 원재료류의 가열, 용해, 조합(調合), 조질이라고 하는 목적으로 쓰이고 열원은 주로 증기가 많이 쓰인다. 이와같은 조건을 전제로 그 취급과 보전상의 기초가 되는 점을 종합하기로 한다.

1-1 열원의 공급, 배출시의 주의

열원의 공급이나 배출에서 제일 중요한 점은 가능한 한 서서히 하는 점이다. 급격히 조작을 했기 때문에 용기가 열변형을 일으키거나 불균일한 열팽창 때문에 용접부, 각으로 된 구석부에 열응력에 의해 균열이 발생할염려가 있다. 또 당연히 가열하는 원재료에 악영향을 미칠 수도 있다. 급격한 조작이 장치에 어떠한 영향을 미치는가 다음에 사고 예를 들어 설명한다.

다음 페이지 그림5.3(a)의 경우는 증기 밸브를 급격히 열었기 때문에 속의 가마가 변형돼서 교반기 접촉파손된 예이다.

물론 이것은 충분히 주의해서 증기 밸브를 조작하게끔 운전원을 교육해야 하지만(법적으로도 규정 돼 있다)또한 사고방지를 위해 같은 그림(b)와 같이 개조해서 만일 잘 못해 급격한 조작을 해도 사고와는 관련되지 않게끔한 예이다.

이 경우(c)와같은 방법도 생각할 수 있으나 근본적으로는 보다 안전한 구

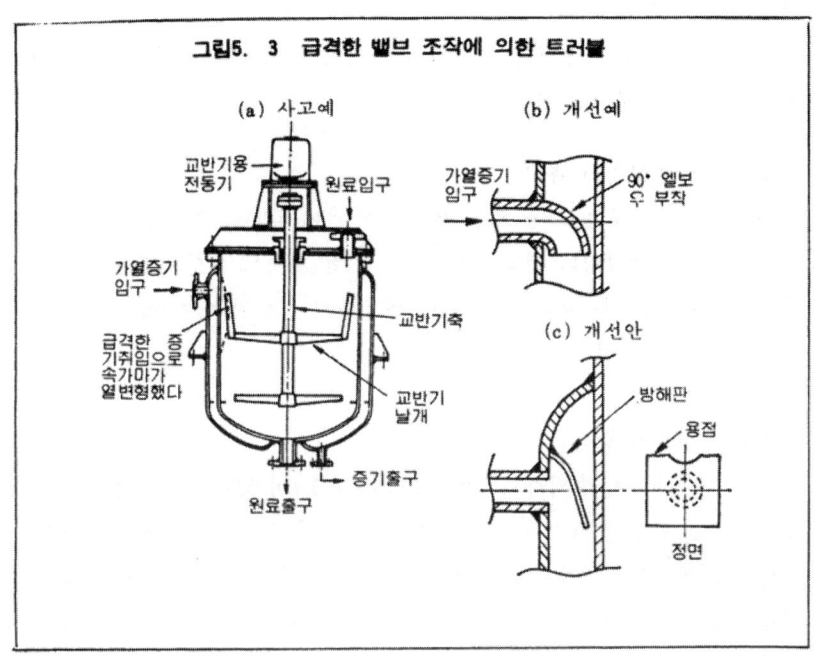

그림5. 3 급격한 밸브 조작에 의한 트러블

조로 설계, 제작시점에서 충분한 배려를 해야한다.

1 - 2 부속기기의 정비

증기나 기타의 열원의 공급, 배출 밸브, 안전 밸브, 압력계등은 확실히 정비돼야하며 적어도 1년에 한번은 성능검사가 필요하다.

특히 안전밸브의 검사는 용기의 내압을 작동압력까지 올려서 시험할 수는 없으므로 떼 내서 수압시험기에 걸어서 설정압력에서 작동하게끔 조정해 두는 것이 좋다.

안전 밸브는 특히 부식이나 녹으로 작동이 원활하지 못하지는 않는가, 작동압력 이하에서의 밸브의 누설은 없는가를 잘 체크한다.

또 작동한 다음 압력이 설정치 보다 내려가면 밸브도 자동적으로 닫히지만 그때 밸부등이 이물을 통과시키지 못하는등의 일이 생기므로 이 점도주

의할 필요가 있다.

또 안전 밸브의 배출구는 운전원이 가까이 가지 않는 장소나 다른설비에 지장이 없는 곳에 설치한다.

1 - 3 보온장치의 유지

가열조등의 외부는 보통 보온재로 둘러 싸여져있다. 그러나 의외로 이 보온재는 탈락, 박리되기 쉽고, 보호하기 위한 덮개도 손상, 변형 돼 있음을 볼 수 있다. 이것은 작업자의 안전, 열효율의 저하의 방지상으로도 잘 정비 보수되어야 한다.

1 - 4 뚜껑의 정비

용기에는 사람이 출입하기 위한 뚜껑(맨호울)이 있다. 이 부분에서의 누설방지에는 적정한 패킹과 죔 기구가 큰 역할을 갖고 있는 것으로 본다.

팩킹에 대해서는 《기계요소 작업집》에서 상세히 기술했으나 온도, 압력 내용물에 따라 어떠한 적정한 것을 선택하는가는 장치의 수명과 밀접한 관계가 있으며 보전기술자가 자기의 기술을 나타낼 챤스일 것이다.

또 뚜껑의 죔 기구의 유지는 안전성, 작업성에 큰 영향을 미친다. 예컨대 내압 1kg/cm²라도 내경1m 의 뚜껑에는 7850kg에 해당하는 힘이 걸려 있고 보울트 죔, 클리크 철물, 누르개등의 각종의 죔 구조가 실제로는 쓰이고 있으나 자기 회사의 뚜껑의 죔 기구에 대해 잘 알아둘 필요가 있는 것이다.

죔 기구의 파손에 의한 뚜껑의 날려버림등의 재해는 일상 자주 일어나는 일은 아니다.

1 - 5 용기내 작업의 주의

대형용기 속에로 수리등 때문에 들어갈때가 있다. 그 때는 가능한 한 용기온도가 내려간 상태를 기다려 들어간다.

또 작업 등을 갖고 들어갈 경우에는 반드시 안전 가아드가달린 것, 전선은 캡타이어 코오드가 달린 것을 쓰고 내부에서는 상부에 매달고 쓴다. 이와같은 용기 안에서의 전구의 파손이나 코오드의 베껴짐등은 감전이 대단히 염려되므로 주의해야 한다.

또 뚝껑등이 낙하되거나 생각치도 않게 닫혀지지 않게 굄이나 지주(支柱) 등의 설치를 잊어서는 안된다.

1 - 6 누설의 검사

용기의 누설은 1차적으로는 압력강하게 의해 발견되는 것이지만 그 경우 반드시 누설개소를 곧 찾아낼 수 있다고는 할 수 없다.

우선 뚜껑등의 패킹부, 기타의 접속부의 체크는 비눗물을 붓등으로 칠해서 거품의 유무에 의해 확인한다.

플랜지, 뱉브, 압력계의 비틀어 넣은 부분도 비눗물이나 혹은 누설음을 확인함으로써 발견이 가능하다.

용기본체의 외관은 보온재가 있으므로 눈으로 볼 수 없으나 내부에서 용접부에 대해서는 컬러 체크나 타격음 검사등도 가능하다. 이것을 삼투탐상법(滲透探傷法), 타진법(打診法)이라고 한다.

기타 비파괴검사로서 초음파탐사, 방사선탐사등 몇가지의 방법도 있으나 전문적이고, 복잡한 기기도 필요하므로 반드시 일반적이라고는 생각되지 않는 것이다.

어떻게 해서라도 누설을 발견해서 처치하지 않으면 안될 경우에는 수압시험을 하는 것이 보통이다.

수압시험은 압력용기뿐만 아니라 모든 용기류의 누설시험에 적용되는 것이기 때문이다.

이 방법은 이음, 뱉브류는 떼 내고 혹은 블랭크 플랜지등을 부착하며 수압시험기에 의해 압력을 걸어 10시간 이상 유지하고 있다면 누설은 없다고 봐도 된다.

누설이 용기본체에서 발견되면 메이커와 상담해서 원인탐구와 보수를 한다. 물론 압력용기의 용접보수등에 대해서는 유자격자(보일러 용접사) 가 아니면 할 수 없다.

또 이러한 경우에는 관할서에 사고보고를 해야한다.

2 제 2 종 압력용기에 대해

이 용기는 법령의 해석상 가열할 수 없는 것이다.

일반공장에서는 예컨대 공기 압축기의 애프터 쿠울러, 드레인 세퍼레이터, 공기 굄동 압축공기 관계가 주이다.

공장동력실에 설치된 대형의 공기 압축기에 관한 점은 운전하는 사람들도 비교적 숙련공이 담당하고 있다. 그만큼 큰 문제가 일어나는 일은 적다고 보지만 문제는 공장의 여러 곳에 배치 돼 있는 베이비 콤프레서의 공기굄통, 공압 액튜에이터용의 어큠레이터, 압축공기 제습장치등의 보전은 어떻게 돼 있느냐 라고 하는 점이라고 생각하는 바이다.

그러므로 여기서는 안전상의 문제를 중심으로해서 생각해 보기로 하는 것이 좋을 것이다.

2 - 1 법령을 바탕으로 한 설치신고

이것에 대해서는 실정으로서 대형 정치(定置)식의 제2종 압력용기를 설치했을 때는 거의 틀림 없이 설치신고를 하고 있으나 이동식의 베이비콤프레서를 구입했을때등 적용대상의 용량이라도 의외로 신고를 하지 않는 수가 많다고 본다.

설비의 일부로서 설치하거나 혹은 필요할때 설치된 어큠레이터, 제습장치등이 수속이 필요한 제2종 압력용기라고 하는 점을 잊어버리고 정기자주 검사 대상에 올라가지 않을 경우가 있다.

법으로 정해진 것은 각각 사고가 많이 발생한다고 하는 근거가 있기때문이다. 그와같은 점에서도 보전관리의 철저를 기해야 한다.

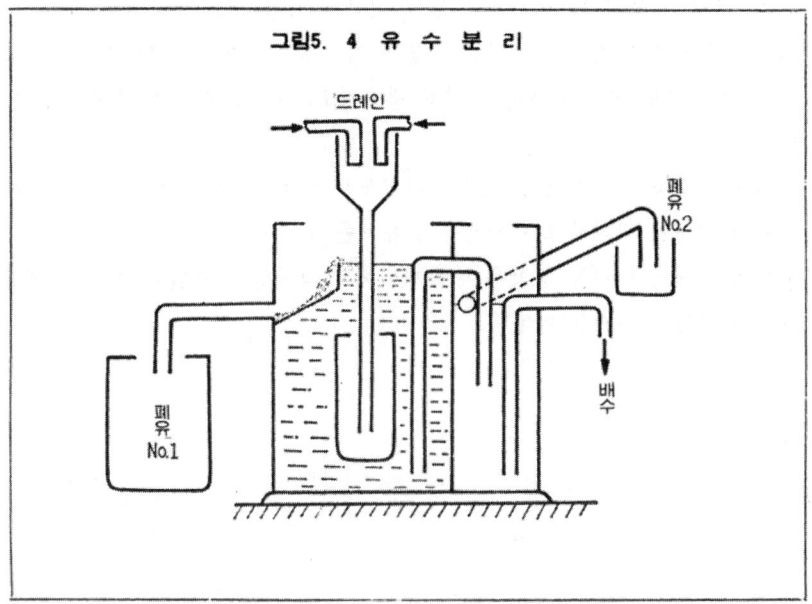

그림5. 4 유수분리

2 - 2 드레인 빼기의 여행

특히 압축공기 굄통의 밑에는 드레인이 괘서 부식, 녹, 오물의 퇴적의 원인이 되며 결과적으로는 강도를 저하시키므로 자동 드레인 빼기 또는 하루에 몇번 정기적으로 수동으로 드레인 빼기를 해야한다.

그러나 그 드레인에는 기름이 혼합 돼 있으므로 하수등에로 그대로 방류하면 지역공해의 원인이 되므로 이것은 안된다.

공장내에 폐수처리시설이 설치 돼 있지 않을 경우에는 이 종류의 드레인은 폐유로서 처리하든가 적어도 그림5.4에 나타낸 정도의 유수(油水) 분리를 준비하는 것이 좋다.

2 - 3 기타

정치식 대형 공기굄통에서는 배관을 통해 전해지는 공기 압축기의 진동에의해 접속부의 느슨해짐, 지반의 부등침하(不等沈下)에 의한 배관의 휨,

압력용기의 보전작업

옥외설치의 경우의 도장박리, 미량의 변화가 집적해서 크게 되는 일이 여러가지 있으므로 이와같은 점에서 볼때 적어도 1년에 한번의 고치기, 첵크를 하고 또한 맨호울 개방에 의한 내부청소, 부식, 녹 상태의 점검을 한다.

애프터 쿠울러는 거의 2년에 한번정도는 전문업자에 의한 약품세정에 의해 스케일을 제거하고 냉각성능의 유지를 생각한다.

드레인 세퍼레이터, 공압용 어큐레이터도 확실한 드레인의 배출 및 배출물의 처리를 잊어서는 안된다.

기계현장의 보전실무
《기능장치집》

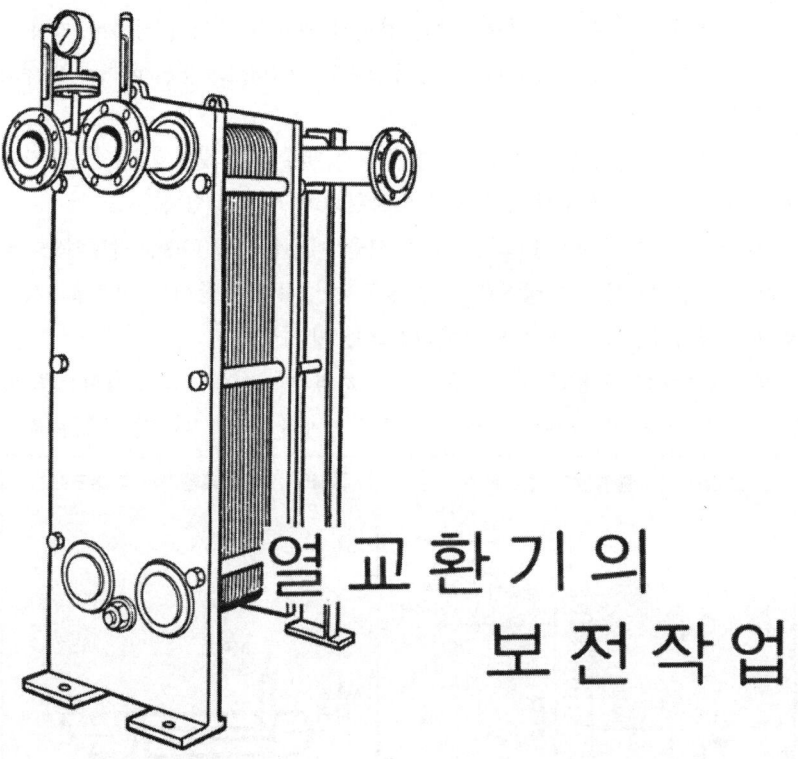

열교환기의 보전작업

1. 열교환기의 기능과 분류

1 열교환기란

예컨 대 석유 정제공장에서는 원유에 함유 돼 있는 각 성분의 증기압의 차를 이용해서 가열이나 냉각조작을 하면서 원유의 분해가 행하여 진다. 그러므로 많은 증류탑이 있으나 이 증류탑에는 그림6.1과같은 여러가지 열교환기가 쓰이고 있다.

또 일반공장에 있어서도 제조공정 중에서 제품이나 설비를 가열, 냉각하거나 혹은 폐액을 회수할 경우등에 열교환기가 쓰이고 있다.

일반적으로 열교환기란 고온물질의 열을 저온물질로 이동, 전달하는 장치라고 말할 수 있으나 예컨대 직접 불로 가열하거나 물이나 기름을 직접 부어서 냉각하는등의 것은 열교환기라고는 할 수 없다.

원칙적으로는 「고온유체와 저온유체가 고체벽을 사이에두고 간접적으로 열교환 하는 것」이며 예컨대 그림6.2와같이 경계를 갖고 떨어져 있는 관속을

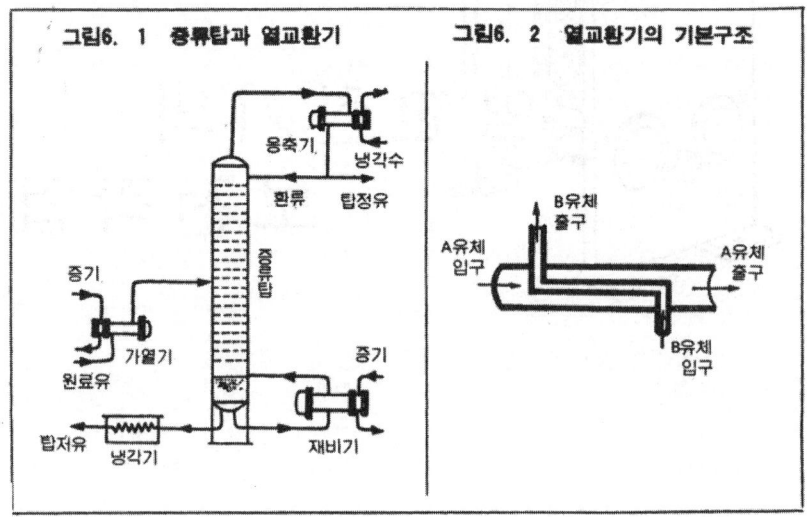

1. 열교환기의 기능과 분류

서로 온도가 다른 유체를 흐르게하고 그 흐름의 과정에서 열을 이동시키는 장치를 말한다.

이것은 용도에 따라 여러가지 기능을 갖고 있는 것이 있다. 보통은 그 사용목적이나 사용상태등에 따라 예컨대 액체를 증발시키는 것은 증발기, 액체를 가열해서 온도를 올리는 것은 가열기, 응축성의 기체를 응축액화하는 것을 응축기, 특히 수증기를 응축해서 물로 만드는 것은 복수기(復水器)라고하는 식으로 불리우고 있다.

가열의 열원에는 수증기가 가장 많이 쓰이고 드물게는 가열 된 기름이나 고압수, 탄산 가스, 질소등의 불활성 가스, 연료를 연소한 폐 가스등이 쓰일때도 있다.

또 냉각이나 응축의 경우에는 강물, 지하수를 이용하는 것이 보통이지만 때로는 냉동기와같이 암모니아, 염화칼슘, 프레온 가스등의 냉매가 이용될 때도 있다.

대다수의 경우 관내의 유체온도는 어느정도의 고온 또는 저온이고 또 압력도 대기압 이상의 고압이며 통상 두개의 유체사이에는 상당한 압력차가 있다. 보통 열교환기의 최대의 고장은 누설에 있다고 해도 과언은 아닐 것이다. 고압측 유체가 저압측 유체에 새 들어가 그 때문에 고압유체의 수율(收率)저하, 저압유체의 순도의 저하등은 물론 물질에 따라서는 발화, 폭발등의 위험도 있다.

이와같이 열교환기는 일종의 압력용기이기도 하므로 전항에서 기술한 안전의 모든 법규가 확실히 지켜지게끔 해서 안전에로의 배려도 보전부문의 중요한 임무인 것이다.

여기서는 우선 일반공장에서 많이 쓰이고 있는 대표적인 열교환기에 대해 그 기구나 특징등에 대해 종합해 본다.

2 대표적인 열교환기와 그 특징

2-1 사관식(蛇管式)열교환기

이것은 그림6.3과같이 탱크 내부에 가열 혹은 냉각용의 사관을 장비한것

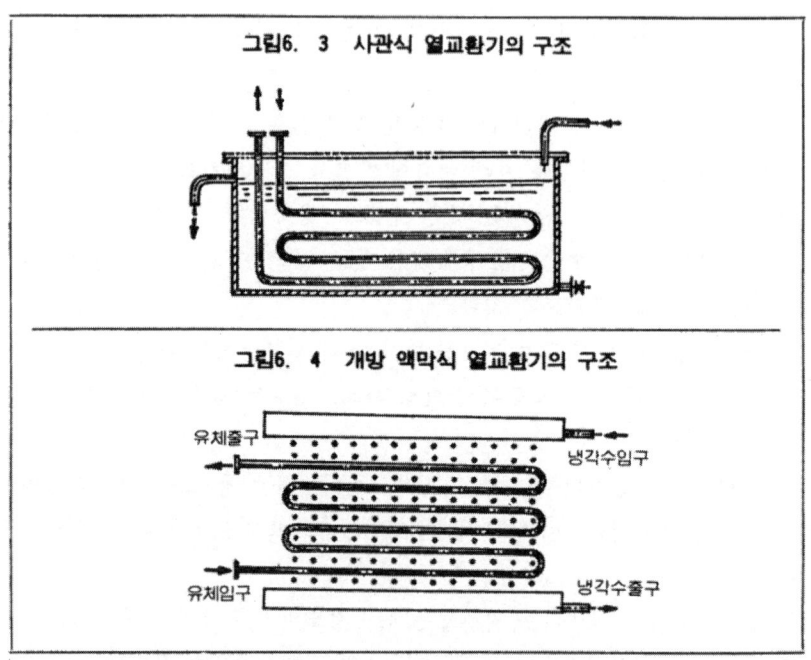

그림6. 3 사관식 열교환기의 구조

그림6. 4 개방 액막식 열교환기의 구조

이고 구조도 간단하고 가격도 싸다는 점에서 옛부터 쓰이고 있다.

현재도 석유증류장치의 상자형 냉각기나 소용량의 열교환기 혹은 부식성이 강한 유체를 취급하는 냉각기 등으로 쓰이고 있다.

사관에는 강관, 동관을 위시하여 도기, 자기, 유리나 합성수지등도 쓰이고 있다.

구조상으로 말 해서 비교적 강도도 높고 누설의 위험성도 적다고 할 수 있으나 전열효율이 낮고 내부유체를 항상 어떤 온도범위로 유지하는 축조 (貯槽)류에 많이 응용되고 있다.

2 - 2 개방 액막식(液膜式)열교환기

주로 냉각기로서 쓰이는 열교환기이며 그림6.4와같이 냉각되는 유체를 통과시키는 수평관(가) 위에 물방울을 떨구어 관내의 유체를 냉각한다.

구조는 직관과 벤드를 쓴 간단한 것이며 이것을 몇단으로 겹치면 용량

1. 열교환기의 기능과 분류

을 증가시킬 수 있다.

관내유체가 누설될 염려도 적고 또 누설되면 곧 알수 있으므로 고압, 부식성의 유체에 적합하다.

2-3 공랭식 열교환기

이 열교환기는 냉각수 대신 공기를 냉각매체로 한 것이고 냉각수가 부족한 이때에 대단히 많이 쓰이게 됐다.

그림 6.5 와같이 휜 달림전열관을 사용한 관속(管束)과 그것을 지지하는 철 구조물 및 공기를 흐르게 하기 위한 송풍기와 구동장치의 세가지 부분으로 구성 돼 있다.

이것은 수원이나 물 처리등의 염려도 없고 또 냉각수에 의한 부식이나 오염등도 없으며 보건비도 적어도 된다고 하는 특징을 갖고 있다. 그러나 반면에는 건설비가 높고 설치장소도 제한되며 또 관속에서의 누설을 발견하기 힘들고 전열관의 교환도 힘들다고 하는 문제가 있다.

2-4 자켓식 열교환기

그림 6.6 (a)와같이 원통형의 저조 혹은 반응관(反應罐)의 동체를 두겹으로 하고 그 공간에 냉매 혹은 열매체를 통과시키는 구조로 돼 있다.

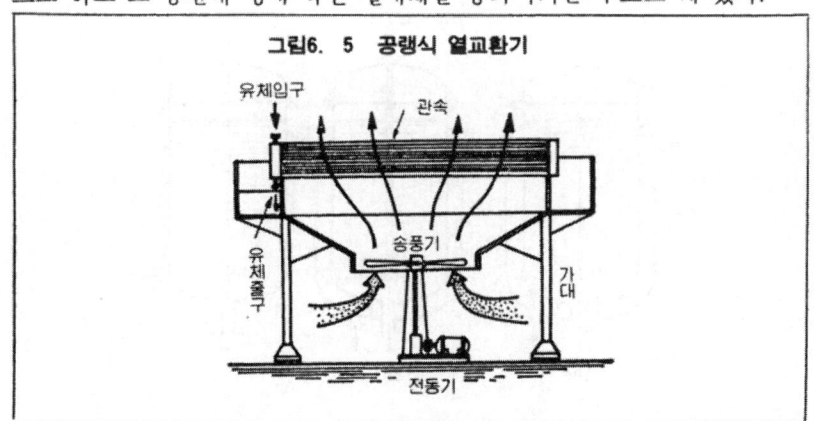

그림6. 5 공랭식 열교환기

열교환기의 보전작업

이것은 구조도 간단하여 제작이 쉬우며 가격이 싸고 또 내용적도 큰 등의 특징이 있다.

단지 전열면적이 동체의 크기에 따라 자연히 제한되므로 전열효율이 낮고 열교환 기능뿐만 아니라 액온의 유지등 때문에도 쓰이고 있다고 보는 바이다.

전열효과를 높이기 위해 그림 6. 6 (b)와같이 관(罐)속에 교반기를 설치하거나 (c)와 같이 자켓을, 반분할(半分割)형의 관을 코일상으로 감은것도 있는 것이다.

보통 자켓 내부는 청소할 수 없으므로 자켓측 유체에는 오염이 적은 수증기, 냉각수, 프레온 또는 암모니아등이 쓰이고 있다.

2-5 다관식 열교환기

이것은 열교환기의 대표적인 것이라고 할 수 있고 화학장치에 있어서는 가장 널리 쓰이고 있다.

원리적으로는 그림 6. 7 (a)와 같이 2장의 관판과 이것을 연결한 다수의

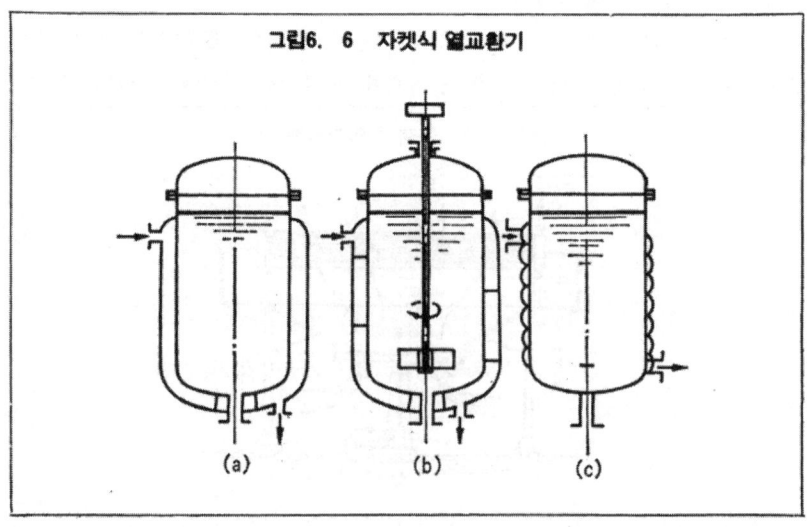

그림6. 6 자켓식 열교환기

전열관 군(群)과로 관속을 구성하며 그 이주를 원통형의 동체와 좌우의 뚜껑으로 밀폐 형으로 돼 있다.

다관식은 취급하는 유체나 압력, 온도등으로 여러가지 형식의 것이 있으나 종류에 따라서는 전열관과 동체를 분해할 수 없는 것도 있으므로 세정, 정비등일때는 주의가 필요하다.

상세하게는 다음 페이지에 기술하므로 참조하기 바란다.

2-6 플레이트식 열교환기

그림 6.8 과같이 다수의 평판을 일정간격으로 배치하고 그 사이를 하나씩 뛰어 연결하며 평판의 양면 사이에 다른 유체를 흘려 열교환시킨다.

이것은 구조도 간단하고 압력손실이 적으므로 액체중에 고체가 떠 있을 경우에는 유효하다.

단 평판구조이기 때문에 고압에는 좋지 않으며 겨우 $5\,km/cm^2$까지의 압력으로 사용된다.

2. 열교환기의 보전의 포인트

1 분해·조립싱의 주의

열교환기도 전항에서 기술한바와 같이 많은 형식의 것이 쓰이며 개개에 대해 독특한 분해수단과 주의사항이 있으나 이것들에 대해서는 미리 취급설명서, 캐털로그에 의해 충분히 조사한다.

보통 열교환기의 분해나 조립은 그다지 힘든 것은 아니므로 《기계 요소 작업집》기타에서 기초적인 점을 확실히 마스타해두면 어떠한 문제도 될 수 없다고 본다.

여기서는 2~3 생각이 난 점을 종합한다.

열교환기의 보전작업

① 그림 6.7의 다관식 열교환기 중 (a)는 관부를 동체에서 빼낼수 없으며 이것은 튜브 시이트와 동체 플랜지의 바깥측이 같은 치수로 만들어지고 관은 확장기(엑스팬더)에 의해 확장되어서 플레이트와 꽈 밀착 돼 있다. 이것을 떼려고 생각하고 동체 플랜지와 플레이트 사이에 웻지등을 때려 넣으면 확장된 관이 느슨해져 누설의 원인이 되므로주의한다.

내부청소는 동체에 설치된 핸드 호울에서 점검하고 필요하다면 약품세정, 스팀 클리이너, 제트 클리이너(50~100kg/cm²의 수압을 분출 시키는 세정장치)등으로 시행한다.

② 그림 6.7(b)의 것은 채널 헤드부를 떼내고 관부를 동체로부터 빼낼

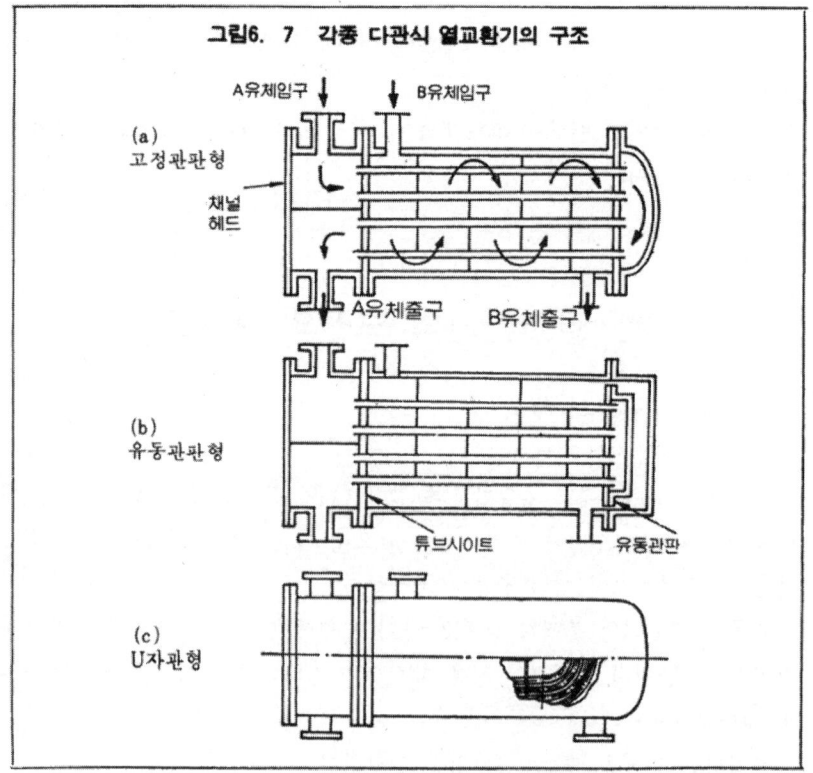

그림6. 7 각종 다관식 열교환기의 구조

수 있다.

　일반적으로 이 종류의 다관식은 튜브 시이트의 관끝은 확관기로 확장돼 있어서 무리한 힘을 가하면 누설의 원인이 되므로 큰 힘을 가하지 않게 주의한다.

③ (a) (b)는 구조상 보통 직관을 쓰지만 (c)는 U자관식으로 된 것이며 강관 휜 튜브가 쓰인다. 이것은 청소가 필요한 채널 헤드부 쪽에로 빼낼 수 있으나 빼낼때 휜을 동체에 접촉시키면 변형손상되므로 매달기 장치등의 배치를 잘 생각해서 강한 힘으로 접촉시키지 않게한다.

④ 공랭식에 대해서는 특히 분해해서 정비하는 구조로는 돼 있지 않다. 보통 휜 달림관이 쓰이고 양 끝은 헤더에로, 용접 또는 납땜 돼 있으며 이 부분에 열팽창에 의해 누설이 생기기 쉬워 일상점검의 포인트가 된다.

　또 통풍형식 중 흡인형(吸引形)에서는 휀 부분이 과열되므로 압입(押入)통풍형이 많으며 어느 경우라도 휜의 틈새에 먼지, 이물이 퇴적되기 쉬워 의외로 효율저하를 하고 있을 경우가 많다.

　압축공기로 불어 날리는 등 청소 손질을 잘 해둔다.

⑤ 자켓식도 구조상 분해 불가능하다. 그러나 자켓 내부에 녹이나 슬럿지가 쌓일때가 있으므로 배기관 선단이든가 또는 드레인 빼기 관을 안전한 장소에 개방하고 통기(通氣) 한대로 밸브를 빨리 단속(斷續)해서 개폐시켜 내부에 괸 이물을 불어낸다.

　밸브조작시에는 위험이 없게 충분히 주의한다.

⑥ 플레이트 식은 그림 6.8 과같이 프레스 정형한 얇은 금속판을 패킹을 개재시켜 다수히 조합시킨 것이며 양측판으로 사이에 두고 보울트로 죄어져 있다.

　그러므로 보울트를 풀면 분해는 가능하다. 이 형식의 것에서는 분해시보다 오히려 조립시 보울트를 균등하게 죄어서 누설을 방지하지 않으면 안된다.

열교환기의 보전작업

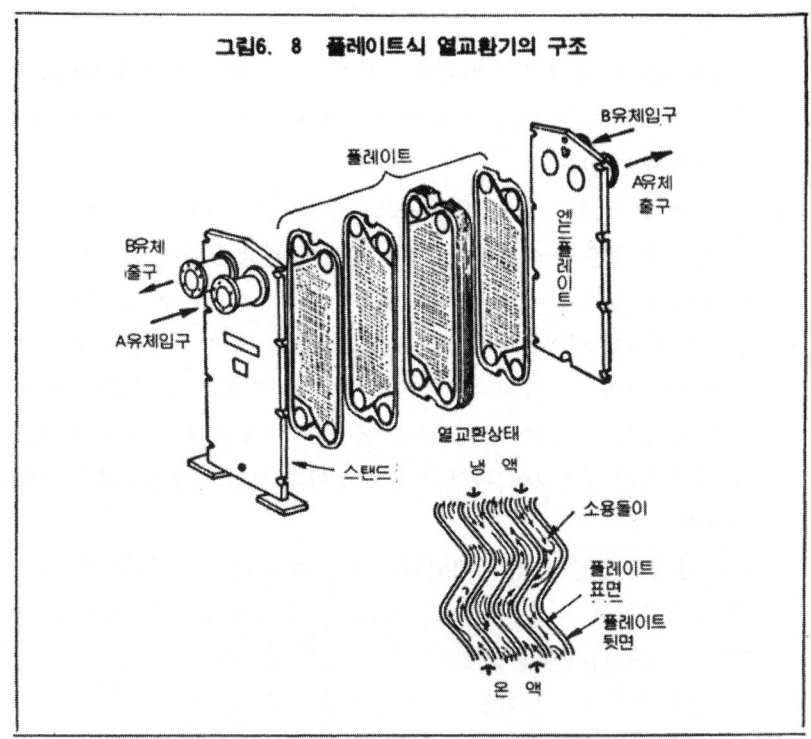

그림6. 8 플레이트식 열교환기의 구조

⑦ 열교환기는 온액, 냉액에 의해 가열, 냉각할 목적으로 사용했을 때는 내부에 압력이 걸려 있어도 법령상 압력용기의 규정을 안받는다.

증기 기타의 열매에 의해 유체를 가열하여 대기압 이상이 되면 그 용적에 따라 제 1 종 압력용기 또는 소형 압력용기로서의 법 규제를 받는다.

따라서 검사기관에 등록하고 매년 한번씩 성능검사를 받으며 또 기업내에서의 정기 자주검사를 시행해서 그 기록을 3년간 보존해야 한다.

2 기타의 보전웃점

2. 열교환기의 보전의 포인트

2-1 세정(洗浄)손질법

열교환에 사용하는 유체의 성상에 따라 내부에 퇴적하는 슬러지, 이물에 다름이 있으므로 세정 손질법도 당연히 변하지만 이전에는 산, 알칼리 등의 약품세정이 많이 행하여 지고 있었다.

그러나 이 방법으로는 약품의 선택, 뒤처리가 힘들어 전문업자에 의뢰하는 케이스가 많았으나 최근에는 스팀 클리이너, 제트 클리이너가 일반화하고 있다.

어떤 방법이라고 해도 세정폐액, 기름오염, 이물등을 처리하지 않은대로 하수도에 방류되는 것은 환경유지상 좋은 일이 아니다.

그러므로 자기 회사내에서의 무해화(無害化)처리나 적정한 폐액 처리업자에 의뢰하는등 보전기술자로서 충분한 배려가 필요하다.

기타 본체 및 부속기기의 유지보전, 누설시험, 안전밸브의 성능유지에 대해서는 전장에서 기술한 압력용기의 보전에 준해서 실시한다.

2-2 부식의 발견과 처치대책

금속중에서 특히 철이나 강은 고온에서 부식을 제외하고는 열 교환기를 대상으로 하면 전기화학적인 작용으로 부식이 일어나는 것이 보통이다.

건조된 공기중에서는 부식은 일어나지 않으나 보통의 공기중에는 어느 정도의 습기나 이산화탄소가 포함돼 금속표면에 부착해서 전지작용을 일으켜 부식되거나 금속자신의 다소의 조직 불균일성에 의해 녹이 생긴다. 또 녹에는 흡습성이 있으므로 한층더 부식이 촉진된다고 본다.

또 물과 공기에 번갈아 노출되면 부식도 더한층 빨라지고 물이 철의 표면을 움직이는(흐르는) 것도 부식을 촉진하는 요건이다.

더욱더 구조상 용접가공이나 열간(熱間)가공한 곳에서는 입계(粒界) 부식, 응력부식, 전식(電蝕) 등이 일어나기 쉽다.

이와같이 열교환기 그 자체는 부식을 발생하는 요건을 대단히 많이 구비하고 있으므로 부식이 일어나는 것은 하는 수 없는 일이고 그러므로 부식을 방지하려고 하기 보다 가능한 한 빠른 시기에 위험한 부식을 발견해 나름대로의 처치, 대책을 세워야 한다.

부식현상을 깊이 더듬어 보면 약간의 지면에는 모두를 기술할 수 없다. 또 나 자신도 많이 해명할 수 없으나 우리들 보전 기술자로서 알아두어 야 할 점은 눈으로 보고 부식의 정도를 알아 적절한 처치, 대책을 세우는 것이다.

① 우선 제일먼저 표면이 변화된다. 표면에 피막이 생겨 부식의 진행이 정지 될 경우와 그 아래측에서 점차 진행하는 것 및 피막이 모두다 소모 될 경우가 있다.

② 다음은 부식속도의 문제다. 이것은 ①의 피막생성과도 관계가 있고 초기의 부식속도와 그 이후의 속도와의 다름을 잘 봐두지 않으면 적절한 교체수리를 잘못해 큰 사고가 날 때가 있다.

③ 부식의 분포, 전면적인지 국부적인지의 결정도 중요하다.

④ 금속내부에로 파고드는 부식, 금속의 결정입(結晶粒)의 경계는 특히 부식되기 쉬운 상태라고 한다. 알루미 합금이나 18.8스테인레스는 특히 입계(粒界) 부식되기 쉬운 금속이다.

또 합금성분의 하나가 선택적으로 용해하는 것도 잘 알려져 있다. 황동에서는 아연이, 알루미 청동에서는 알루미가 용해되기 쉽고 탄소강이 수소에 의해 탈탄(脫炭)돼서 깨지기 쉽다.

⑤ 기타 순 화학적, 전기 화학적인 것에 기계적 작업이 가해져 부식의 속도를 빠르게하여 상황이 변화된다는 등이 알려져 있다.

그 때문에 법규에 의한 검사가 의무적으로 돼 있으므로 확실히 실행하지 않으면 안된다.

이하에 부식, 누설등의 검사와 처치, 대책등에 대해 종합해 본다.

① 목시(目視), 타격음 검사의 여행, 특히 균열이 있으면 테스트 해머로 두드렸을때 탁한 소리가 나므로 습관이 되면 분별할 수 있다.

② 압력용기의 항에서도 기술했으나 열 매체의 급격한 송급(送給)은 피해

2. 열교환기의 보전의 포인트

야 한다. 열에 의한 휨이 누설의 큰 원인이 된다.
③ 누설의 점검에 대해서는 본체에서의 누설은 물론 냉각, 가열액의 혼합등에도 충분히 주의한다.
④ 다관식등에서는 관과 플레이트의 접합부분 또는 소수의 관이 부식구멍이 난 경우등 양단을 튼튼하게 플러그해서 폐색시켜 응급적으로 수리, 사용하는 처치가 때때로 취해진다.

이와같은 압력, 열취급하는 용기, 게이지. 미이터, 제어관계를 잘 감시해야 하지만 이것들도 항상 정확한 지시를 하고 있다고는 볼 수 없다.

원래 인간은 대단히 정밀한 측정기능을 갖고 있으며 그 감각은 간단한 측정기 이상의 능력이 있다고 본다.

즉 그것들은 인간이 구비한 감각(시, 청, 촉, 미, 취)이며 정도적(精度的)으로는 어느정도 높은 것이다.

그러나 기능에 의한 개인차 또는 몸의 이상등에 의해 정도가 나빠져 오인하는 결점이 있다. 또 정량적으로 잡을 수 없다는 점이 큰 결점인 것이다.

그러므로 이것을 어떻게 보충하느냐가 중요하다고 본다. 즉 게이지나 미이터, 제어관계는 인간의 감각을 보충하는 것이라고 생각하는 것이 우리들에 있어서는 중요하다.

기계현장의 보전실무 ②
기능장치집   정가 9,000원

발행일	2011년 8월 18일 4쇄 인쇄
편저자	박 승 국
발행인	김 구 연
발행처	도서출판 대광서림

서울특별시 광진구 구의동 242-133
TEL. (02) 455-7818(代)
FAX (02) 452-8690
등 록 1972.11.30 25100-1972-2호

ISBN 978-89-384-5042-5   93550